科技写作

科技类论文撰写指导教材

单国荣 杜淼 胡红娟 编

中国教育出版传媒集团
高等教育出版社·北京

内容提要

本书以研究生的科研活动为主线，贯穿选题、文献获取、文献阅读、论文撰写、送审、答辩等环节，主要侧重研究生学位论文撰写规范。全书共分 10 章，包括研究生学位论文选题、科技文献资料的获取、科技文献阅读、科技论文基础知识、科技论文写作过程中的一般问题、科技论文的格式和撰写、科技期刊论文的发表、研究生学位论文的送审和答辩、科技应用文、专利基础知识及撰写。

本书为理工类研究生科技写作教材，部分内容可作为高年级本科生学位论文撰写的教学参考书，也可供科研人员撰写科技论文参考。

图书在版编目（CIP）数据

科技写作 / 单国荣，杜森，胡红娟编. -- 北京 ：高等教育出版社，2023.8

ISBN 978-7-04-060840-3

Ⅰ. ①科… Ⅱ. ①单… ②杜… ③胡… Ⅲ. ①科学技术-应用文-写作-高等学校-教材 Ⅳ. ①H152.3

中国国家版本馆 CIP 数据核字(2023)第 131240 号

KEJI XIEZUO

策划编辑 翟 怡　　责任编辑 翟 怡　　封面设计 张雨微　　版式设计 徐艳妮
责任绘图 黄云燕　　责任校对 吕红颖　　责任印制 存 怡

出版发行	高等教育出版社	网 址	http://www.hep.edu.cn
社 址	北京市西城区德外大街 4 号		http://www.hep.com.cn
邮政编码	100120	网上订购	http://www.hepmall.com.cn
印 刷	北京华联印刷有限公司		http://www.hepmall.com
开 本	787 mm × 1092 mm 1/16		http://www.hepmall.cn
印 张	11.75		
字 数	240 千字	版 次	2023 年 8 月第 1 版
购书热线	010 - 58581118	印 次	2023 年 8 月第 1 次印刷
咨询电话	400 - 810 - 0598	定 价	24.70 元

本书如有缺页、倒页、脱页等质量问题，请到所购图书销售部门联系调换

物 料 号 60840-00

前言

撰写学位论文时，研究生“头痛”；学位论文撰写完成后提交给导师，导师“头痛”。这是研究生撰写学位论文、导师修改学位论文过程中经常遇到的问题，其根源就是相当多的研究生不会组织、撰写学位论文，以及对学位论文的规则和格式不了解，导师需要花费大量的时间和精力调整论文内容、修改格式、精练文字。

2014 年 5 月，化学工程领域工程硕士教育协作组正式启动本领域工程硕士学位论文质量评估工作，笔者有幸参与此次评估工作，并负责“全国工程专业学位研究生教育重点研究课题”（化学工程领域工程硕士学位论文质量评估）。评估工作从学位论文的选题，文献综述，学位论文技术难度与工作量，学位论文理论水平、成果效益及创新性，论文的格式、撰写规范程度等方面展开，获得了研究生学位论文质量的第一手资料，认为有必要给研究生讲授如何撰写学位论文。

2016 年 5 月，浙江大学工程师学院在制定部分非全日制专业学位研究生培养计划时，希望能开设一门提升非全日制专业学位研究生论文写作能力的课程。同年 9 月，笔者负责开设 32 课时的“科技写作”课程，并邀请杭州天勤知识产权代理有限公司胡红娟律师同堂讲授“专利的撰写”。2017 年 9 月，“科技写作”课程获批浙江大学工程师学院专业学位研究生实践教学品牌课程。2019 年 5 月，浙江大学研究生院按照教育部要求，决定自 2019 年 9 月开始对全校研究生增设 16 课时的“研究生论文写作指导”课程。

虽然每次教学开始前，都会将全部的 PPT 课件发给学生，但每次仍有不少学生来询问课程教材情况，在学生评价系统中也有大量类似需求，希望能在毕业论文撰写阶段进一步参考课程教材。2020 年 2 月，经过 3 年多的教学实践，笔者提炼出 10 章教材内容，并邀请杜淼教授、胡红娟律师撰写其中的部分章节。

本书由单国荣教授负责撰写第 1～3 和 6～9 章，杜淼教授负责撰写第 4、5 章，胡红娟律师负责撰写第 10 章，由单国荣教授统稿。针对书中一些知识点，采用二维码形式加以补充，方便学生理解。最后，非常感谢华东理工大学辛忠教授主审本书。

由于篇幅所限，本书不能顾及各方需求，不当之处祈请批评指正！

单国荣

2022 年 8 月于浙江大学

目　　录

第1章 研究生学位论文选题

研究生学位有学术学位和专业学位两类。学术学位以学术研究为主，包括理学、工学、农学、医学、文学、法学等；专业学位是针对专门职业要求的教育学位，主要包括工程类和非工程类，其中工程类专业学位包括电子信息、机械、材料与化工、资源与环境、能源动力、土木水利、生物与医药、交通运输8个类别。

各类学位论文都是科学研究的一部分，但两类学位性质的区别，造成其论文选题存在显著不同。如工学类学位论文选题应突出理论和规律研究，而工程类学位论文则应着重工程、应用和技术研究。论文选题宜在自身学科范围内提出问题，选择、确定研究方向、对象和方法。如何进行选题，需首先明确科学与技术之间的关系。

1.1 科学与技术

科学是自然科学、社会科学、思维科学的总称。以自然科学为例，科学是研究自然界各种物质和现象的规律，是回答“为什么”的问题。

技术是对科学知识的运用，是把对自然界的认识转化为可以应用的工具与手段。从广义上讲技术涉及社会、生活、思维等领域，从狭义上讲技术涉及工程学领域，是解决人类在改造客观世界的实践活动中“做什么”和“怎么做”的问题。“做什么”是指论文选题要有具体的研究对象和研究目标，“怎么做”是指解决问题所需的具体路线、手段和方法。不同类别研究生学位论文选题都必须有明确的研究对象、解决问题的具体手段和方法。

以温度计的发明为例，通过阐述科学和技术的关系，进一步说明工学类学位论文与工程类学位论文选题之间的区别。科学研究发现液体体积会随温度发生变化。工学类学位论文选题应着重研究“液体体积随温度发生变化的规律”“从分子或原子水平研究液体体积随温度变化的原因”“液体体积随温度变化的特殊性”等。如何将这一科学研究结果应用于实际生产和生活则是工程类学位论文的选题方向，即利用液体体积随温度发生变化这一规律，具体“做什么”和“怎么做”都可成为工程类学位论文的选题。例如，利用“液体体积随温度变化”可以制作测量温度的工具。确定具体目标后，技术上要解决的就是“怎么做”，采用什么具体的手段和方法，如选择何种液体、如何标刻度、如何选择空心玻璃管的内径等。单从选择液体的角度进行工程类学位论文的选题，可以从以下几个方面展开。

(1) 从体积变化量的角度考虑

液体膨胀系数越大，体积变化量越大，对温度变化越敏感。例如，酒精、煤油、水和水银的膨胀系数分别为 1.09×10^{-3} K^{-1}、1.0×10^{-3} K^{-1}、0.21×10^{-3} K^{-1} 和 0.18×10^{-3} K^{-1}。可见，酒精的膨胀系数最大，对温度变化最敏感，煤油次之。

(2) 从测量温度范围的角度考虑

酒精的沸点为 78 ℃，凝固点为－113 ℃，则用酒精制作的温度计测量范围为－110～50 ℃。煤油是一种混合物，一般其沸点高于 150 ℃，凝固点低于－30 ℃，因此煤油温度计的测量范围为－30～150 ℃，日常生活中该类温度计最为常见。而水银的沸点为 357 ℃，凝固点为－39 ℃，故水银温度计的测量范围可为－39～357 ℃，化学反应过程中温度变化较大，多用此类温度计。

(3) 从测量精密度的角度考虑

当温度发生变化时，液体体积需快速响应，这要求液体的导热系数要大，以使热量快速传递。上述四种常见液体的导热系数分别为 0.24 $W\cdot m^{-1}\cdot K^{-1}$(酒精)、0.12 $W\cdot m^{-1}\cdot K^{-1}$(煤油)、0.62 $W\cdot m^{-1}\cdot K^{-1}$(水)、8.36 $W\cdot m^{-1}\cdot K^{-1}$(水银)，可见水银的导热系数最大，可以快速响应外界温度的变化，因此一些精密温度计多用水银制作。

(4) 从使用的角度考虑

温度发生变化，液体在快速响应过程中(体积增大或缩小时)，不应浸润玻璃管内表面，以保证液柱升降移动时无拖尾，避免液柱断开。为此，要求液体具有较大的表面张力。20 ℃时上述 4 种常见液体的表面张力分别为 485 $mN\cdot m^{-1}$(水银)、72.8 $mN\cdot m^{-1}$(水)、22.3 $mN\cdot m^{-1}$(酒精)、24.8 $mN\cdot m^{-1}$(煤油)。可见，几种液体中水银的表面张力最大，基本不浸润玻璃内表面，水银柱移动时不会出现拖尾现象，能准确、及时地反映实际温度数值。这也是一些精密温度计选用水银来制作的原因。

从上述温度计的发明可以看到，科学是发现，要基于事实、提出规律、指导实践，是技术的归纳和升华；而技术是发明，是创造新产品(物质)的手段，从实践中创造新东西，是科学的演绎和使用。二者相辅相成，缺一不可。

1.2 科学研究

科学研究是指为了增进知识(包括关于人类文化和社会的知识)以及利用这些知识去发明新的技术而进行的系统性、创造性工作，即利用科研手段和装备，为了认识客观事物的内在本质和运动规律而进行的调查研究、实验、试制等一系列活动，为创造和发明新产品、新技术提供理论依据。科学研究的基本任务就是探索、认识未知事物和现象，归纳提炼出抽象的理论、定律及原理等知识。联合国教科文组织认为：凡运用科学的方法、产生新知识、具有创造性的活动，就是科学研究。科学研究包括科学和技术的研究。

科学研究的具体过程是通过观察事物，排除干扰因素，取得大量物理、化学、数学现象及相关定量值，并通过分析和归纳，把现象及事实上升到规律性或理论性的水平。

不管是科学研究还是技术研究，均需要创新。科学研究的创新可以是发现新事物、新现象、新规律；技术研究的创新可以是发明新装置、新工艺、新方法。技术上的创新可以是全新，也可以是对“旧”的改进，或将其他行业或部门的技术“移植”到一个新的领域。

科学研究可以在各种场所进行，如实验室、企业技术中心、中试基地、生产装置，也可在办公室进行计算机模拟或计算。

1.3 科研课题选择原则

科研课题应按照一定的科学研究目的和需要进行选择，课题的选择关系到科学研究能否顺利进行。课题选择得当，研究方向正确，可以捷足先登，事半功倍；若选题不当，研究方向有误，则可能或久攻不克，或事倍功半，或与学位性质相左，劳而无获。

科研课题的选择应遵循以下几个原则。

(1) 选题应符合社会和国家的需要

科学研究应符合国家和社会的需要，因此选择什么样的课题也应符合国家和社会的需要，应瞄准国家急需解决的重大问题。例如，某种单克隆抗体目前主要依赖进口，价格昂贵，国内现有自主生产的产量和纯度均达不到患者的使用要求，因此优化其制备工艺，实现其国产化的科研选题符合国家和社会的需求。又如，杭州湾、港珠澳等跨海大桥的设计也是符合这一原则的选题。

此外，课题选择也要注意将现实需求和长远需求相结合。

(2) 选题应在总体上对社会有益

科学研究的最终目的是使人类更好地生存和发展，因此选题在总体上应对社会有益。例如，新型材料、高附加值产品的开发等课题，如果为了获得某一方面的高性能或高附加值，选择具有重大环境污染或高耗能的生产过程或工艺，则选题不合适，应选择相对环境污染小或耗能低的生产过程或工艺作为课题进行研究。可以从国家或各部门的规划科研项目中选择课题，也可以到生产单位现场调查，了解技术上存在的问题和要求后进行选题。

(3) 选题要有创新性

科学研究的灵魂是创新，故在选题时应在不同层面体现创新。创新有再创性、独创性和自创性三个层次，可以是概念和理论上的创新、方法上的创新、应用上的创新。再创性是在继承的基础上，进行改造或用于新领域。独创性是高层次的创新，是新研究领域、新理论体系的创立。自创性是更高层次的创新，是在没有任何借鉴基础上的创新。目前的科学研究多属再创性研究。例如，婴儿尿不湿的发展就是典型的继承加创新。初始的尿不湿表面是平面的，吸尿后尿不湿的表面会贴在人体皮肤表面，透气性差，常造成婴儿

“红屁股”现象；后来在尿不湿表面设计了沟槽，利于湿气的散发；目前所用尿不湿多为第三代，即尿不湿表面设计成规则凸起，与人体皮肤的接触面积更小，更利于湿气散发。

研究生要弄清课题本身蕴含的实质内容，善于将继承和创新相结合。科学研究是在前人已作出的科学发现和技术发明基础上进行探索的，不继承前人的思想和成果就谈不上创新；但科学研究又总是在前人还未问津的领域内进行的，不发展和突破前人的观点和学说，也谈不上创新。

(4) 选题要符合科学性

选题的科学性是指课题的选择要以科学思想为指导，以事实为依据，使所选课题具有理论和实践基础。所选课题不能和已经经过实践检验的科学原理相违背，只有这样，才能保证其科学性。例如，以永动机为研究课题就不具备科学性。

但需要注意如何看待违背传统观念与常识的新问题。传统和常识并不一定是科学的，其背后很可能隐藏着人们还未发现的科学规律，需要随着科学的发展而不断更新。因此，研究者要敢于怀疑和批判，敢于运用已证明的科学原理对这些问题提出质疑，这同样也是尊重科学性的表现。

(5) 选题要适合学位论文申请人和所在课题组的能力

科学研究的选题要与学位论文申请人的研究背景(包括知识结构、智力层次、研究能力、专业特长等)相近，同时也要考虑所在课题组的研究能力是否能完成该课题研究。如化工专业的研究者无法设计跨海大桥，但可以选择跨海大桥桥面或桥墩的防腐涂料为研究课题，发挥化工专业的特长。

(6) 选题应符合客观条件

科学研究的顺利开展需要资金设备、文献资料、研究基地等，因此选题应符合学位论文申请人所在课题组的客观条件。例如，一个普通的化工过程实验室不可能进行工程的模拟计算，工程模拟计算需用大型计算机服务器及软件系统才能完成。

(7) 选题要有适度的研究目标

每一项科学研究都有一定的研究目标，既不可过高，也不能过低，要切实可行。如以废旧塑料的零排放无害化处理为题的研究课题，其研究目标就不切实际，因为废旧塑料中肯定存在泥沙、油污等废物，无法实现零排放，其研究目标不可能实现。

1.4 科研课题的分类

按科研课题的来源、性质等，科研课题可有以下几种分类。

(1) 指定课题、自选课题

指定课题是指导师根据国家或各部门所规划的科研项目需要，圈定范围，指定学生进行的科学研究课题。全日制研究生学位论文大多属于此类课题。自选课题是指学生根据自己的研究背景、工作环境和兴趣爱好，调查研究、归纳总结，自行提出研究方向和目标的课题。非全日制研究生学位论文大多属于此类课题。

（2）实验性课题、计算性课题、工程设计性课题

实验性课题是指学生需在实验室或企业技术中心，利用仪器设备、原材料等进行系统的科学实验，在有控制的条件下操纵自变量，观察因变量的变化，并分析和确定自变量和因变量之间的因果关系的课题。对于专业学位研究生，此类课题必须突出其应用性。

计算性课题是指主要借助计算机编程，对数据进行分析、模拟计算的课题，或建立模型、仿真计算预测结果的课题。对于专业学位研究生，此类课题不能只有模拟或仿真计算结果，还必须与工程数据点（至少是文献数据点）进行比较，并指导工程应用。

工程设计性课题是指为工程项目的建设提供有技术依据的设计文件和图纸的整个活动过程。对于专业学位研究生，此类课题不能只停留在设计阶段，还必须实施或提出切实的工程应用依据。

（3）基础性课题、应用性课题、开发性课题

基础性课题是指为获得关于现象和可观察事实的基本原理及新知识，进行的实验性和理论性研究课题。该类课题不以任何特定的应用为目的。学术学位研究生可选择此类课题，而专业学位研究生不宜选择此类课题。

应用性课题是将某一科学发现或现象应用到实际生产或生活中，在围绕特定目的或目标进行研究的过程中获取新的知识，为解决实际问题提供科学依据的课题。该类课题主要针对某一特定的实际目的或目标，在获得知识的过程中具有特定的应用目的。因此，研究结果一般只影响科学技术中的有限范围，针对具体的领域、问题或情况，研究成果以科学论文、专著、原理性模型或发明专利为主。应用性课题可以研究基础研究成果可能的发展用途，或研究为达到具体的、预定的目标采取的新方法和途径。

开发性课题是指科研成果应用于新产品、新材料、新工艺的生产或试验过程，是把科学技术转化为社会生产力的必要步骤。相较于应用性课题，该类课题面向企事业单位，具有试验性强、时间较短、风险性较小、所需费用较大等特点。

应用性课题和开发性课题的共性是应用性、工程性和实用性，学术学位和专业学位研究生均可选择这两类课题。

工程类专业学位的 8 个类别均制定了相应学位标准，凡是专业学位标准选题中规定不允许的课题，不能选择。如材料与化工类别专业学位标准明确规定专业学位论文选题范围：企业的技术攻关、技术改造、技术推广与应用，工艺工程优化，新产品、新工艺、新过程、新技术、新装备或新材料的研制与开发，引进、消化、吸收和应用国外先进技术项目并实施，工程设计与实施，应用基础性研究 6 类，不允许工程管理、项目管理、调研报告作为材料与化工类别专业学位研究生论文选题。学位标准是最低要求，各级培养单位根据本单位的实际情况，还会提出更高要求。专业学位标准选题中规定允许的课题，还需要征得学校、学院、导师的肯定和同意。因此，专业学位研究生应及时与导师沟通选题事宜。

第2章 科技文献资料的获取

研究课题确定后，由于各个学科和专业自身的特点不同，课题具体的科学研究方式或过程存在一定的差异：有的以实验为主，有的以调查为主，有的以计算模拟仿真为主，有的以观察为主，有的以分析为主。但不管是哪一种研究方式或过程，研究生均需对本课题有深入的理解和认识，均需了解相关领域、相关方向、相关课题的研究动态、发展历史和国内外现状，因此，研究生必须首先进行文献检索。

2.1 科技文献资料的种类

文献是通过一定的方法和手段，运用一定的意义表达和记录体系，记录在一定载体上的有历史价值和研究价值的知识。人们通常所理解的文献是指图书、期刊、专利等所记录知识的总和。文献是记录、积累、传播和继承知识的最有效手段，是人类社会活动中获取情报的最基本、最主要的来源，也是交流传播情报的最基本手段。研究生进行科学研究时，查阅的科技文献通常有以下几种。

(1) 百科全书

百科全书是概要记述人类一切知识门类或某一知识门类的工具书。百科全书在规模和内容上均超过其他类型的工具书。百科全书的主要作用是供人们查阅必要的知识和事实资料，几乎包容了各种工具书的成分，囊括了各方面的知识。百科全书是知识的总汇，是一切知识门类广泛的概述性著作。

当研究生涉足全新领域时，首先需查阅相关的百科全书。中文的百科全书有《中国大百科全书》，包括化工、交通、机械工程、土木工程、电工、电子学与计算机等各卷。此外，还有各个专业的中文百科全书，如化学工程领域的《化工百科全书》《有机化工原料大全》等；机械工程领域的《机械百科》《现代机械设计百科全书》等；电气工程领域的《中国电力百科全书》等；动力工程领域的《能源百科全书》等。英文的百科全书有 *Encyclopedia Americana*，*Encyclopedia Britannica*，*Collier's Encyclopedia*，俗称 ABC 三套英文百科全书。此外，也有各专业的英文百科全书，如化学工程领域的 *Kirk-Othmer Encyclopedia of Chemical Technology*，*Ullmann's Encyclopedia of Industrial Chemistry*，*Encyclopedia of Chemistry*，*McGraw-Hill Encyclopedia of Chemistry* 等；动力工程领域的 *McGraw-Hill Encyclopedia of Energy* 等。

(2) 专业书籍

专业书籍是指针对某一专业知识体系或专业研究题材的著作,有专业教材和专著两类。专业教材是专业教学的主要书面材料,根据教学大纲对某一专业知识体系进行系统的汇总。专著是针对某一专门研究题材的著作,内容比专业教材更深入、更专一。研究生若是非相近专业的本科毕业生,建议选择研究生专业或领域的本科教材进行专业知识的补充,以利于后续专业文献的阅读和理解,也为期刊和学位论文撰写奠定专业基础。研究生若是相近专业的本科毕业生,可以直接阅读与课题相关的专著。

不管是专业教材还是专著,都是对前人或自己以前研究工作的全面总结,具有系统性,有利于研究生详细了解专业的某一知识体系或与课题相关的研究。但是专业书籍撰写、出版周期较长,信息滞后,无法体现最新的研究成果。

(3) 手册

手册是收录和介绍一般性资料或某种专业知识的简明摘要工具书,是一种便于浏览、翻检的记事小册子。手册汇集某一学科或某一主题等需要经常查阅和参考的资料,或某一专业基本数据资料的汇编,一般压缩叙述,直接列出公式、过程、方法、数据、规章、条例等,通常按类进行编排,便于查找。英文中,常用 Handbook 或 Manual 表示,前者侧重"何物"(what)一类的信息,如数据、事实等,后者侧重"如何做"(how)一类的问题。化学工程领域的相关手册有《化学工程手册》《化学工程师手册》《精细化学品及中间体手册》《Beilstein 有机化学手册》《Gmelin 无机和有机金属化学手册》,以及 *Perry's Chemical Engineers Handbook*,*CRC Handbook of Chemistry and Physics* 等;土木工程领域的相关手册有《土木工程手册》《土木工程施工手册》等;电气工程领域的相关手册有《电气工程手册》《电气工程师手册》等;机械工程领域的相关手册有《机械工程手册》等;动力工程领域的相关手册有《动力工程师手册》等。

相较于专业书籍,手册的撰写、出版周期更长,信息更滞后。

(4) 综述性论文

综述性论文是利用已发表的文献资料为原始素材撰写的论文。综述包括"综"与"述"两个方面。所谓"综"是指作者必须对现有的大量素材进行归纳整理、综合分析,使材料更加精练、明确、层次分明,更有逻辑性。所谓"述"就是评述,是对所写专题的比较全面、深入、系统的论述。因而,综述是对某一专题、某一领域的历史背景、前人工作、争论焦点、研究现状与发展前景等方面,以作者自己的观点写成的严谨而系统的评论性、资料性科技论文。

在某种意义上,综述性论文具有一定的指导性,反映某一专题、某一领域在一定时期内的研究工作进展情况,是对该专题或领域及其分支学科的最新进展、新发现、新趋势、新水平、新原理和新技术的介绍。因此,综述性论文是研究生科研工作的"起步基石"。

中文各类学报或期刊的前几篇或后几篇论文一般是综述性论文,如《化工学报》《化工进展》《机械工程学报》《土木工程学报》《动力工程学报》《电气工程学报》《中国电机工程学报》等。英文各类学术期刊前几篇文章也会刊登综述性论文。此外，还有多种专门的综述期刊，如…*Reviews*，*Progress in* …，*Advances in*…等。注意，有的图书馆将 *Progress in* …，*Advances in* …类综述性论文归属于丛书类。

(5) 学术期刊

学术期刊论文是刊登在专业学术期刊上，专业性和理论性较强的学术论文，是在某一学术课题领域具有新的科学研究成果、创新见解和知识的科学论文。学术期刊是科学研究及论文写作过程中引用量最大的文献。全世界有上万种学术期刊，每年发表上百万篇学术论文，研究生不可能有时间阅读所有的文献。哪些论文对自己的研究有益，哪些帮助不大，如何取用论文，都是需要慎重思考的问题。

专业理论性较强的中文期刊主要包括各种学报类期刊论文，如《化工学报》《高校化学工程学报》《高分子学报》《机械工程学报》《兵工学报》《土木工程学报》《建筑结构学报》《动力工程学报》《电气工程学报》《中国电机工程学报》《电工技术学报》《电力系统自动化》等。英文期刊的种类繁多，各个专业都有其权威学术期刊，如化学工程类有 *AIChE Journal*，*Chemical Engineering Science*，*Industrial & Engineering Chemistry Research* 等，电气工程类有 *IEEE Trans of* …系列等，材料工程类有 *Advanced Materials*，*Advanced Functional Materials* 等。

(6) 学位论文

学位论文是学位申请者为获得某种学位而撰写的研究报告或科学论文，一般不在刊物上公开发表，只能通过学位授予单位、指定收藏单位和私人途径获得。学术期刊论文的内容通常仅涉及研究课题的某一个具体问题，简洁明了。但学位论文的内容较多，除了研究方法、内容和结果外，还包括与研究内容相关的文献综述。学位论文一般能够还原科研训练全过程，各个部分相关描述比较详细、完整。

学位论文一般分为学士学位论文、硕士学位论文和博士学位论文三个级别，其中博士学位论文质量最高，是具有一定独创性的科学研究著作。学士学位论文一般不作为参考文献使用。

我国于 1979 年恢复实行学位制度，中国国家图书馆、中国科学技术信息研究所和中国社会科学研究院文献情报中心是指定的硕士、博士学位论文收藏单位。查找国外学位论文的检索工具有《国际学位论文文摘》(*Dissertation Abstracts International*)，收录了美国、加拿大、英国、法国、比利时、澳大利亚等国 450 余所大学的学位论文文摘和其他各国著名大学的学位论文目录，分为 A(人文与社会科学)、B(科学和工程)、C(欧洲学位论文文摘)3 辑。

(7) 会议资料

会议资料指各国或国际学术会议所发表的论文或报告，随着学术会议的召开而产生，一般没有固定的出版形式。会议资料分为会前出版物和会后出版物两种。会前出版物主要包括会议内容、日程、预告、论文摘要和论文预印本等；会后出版物主要是论文集，还包括其他有关会议经过的报告、消息报道等。

会议资料在一定程度上反映了国际上或某个国家某些领域专业研究的水平动向。会议资料的特点是传递情报信息比较及时、内容新、专业性和针对性强、种类繁多、出版形式多样，但会议论文的系统性和完整性较差，一般只有 1 页的摘要或 2～4 页的详细摘要。

(8) 专利

专利文献作为技术信息最有效的载体，囊括了全球 90％以上的最新技术情报，比一般技术刊物所提供的信息早 5～6 年，而且 70％～80％的发明创造只通过专利文献公开，并不见诸其他科技文献。相对于其他文献形式，专利更具新颖性和实用性。专利的种类在不同的国家有不同规定，我国专利分为发明专利、实用新型专利和外观设计专利；有的国家只有发明专利和外观设计专利。

对科学研究最有帮助及借鉴作用的是发明专利。发明专利是对产品、方法或者其改进所提出的新技术方案。发明专利并不要求必须是经过实践证明可直接应用于工业生产的技术成果，可以是一项解决技术问题的方案或一种具有在工业上应用可能性的构思。

发明专利由权利要求书和权利说明书构成。权利要求书描述发明专利的技术特征和保护范围；权利说明书的内容则比较详细，包括发明的技术背景、基本原理和多个实施例。

(9) 科技报告

科技报告是记录某一科研项目调查、实验、研究的成果或进展情况的报告，大多与政府的研究活动、国防及尖端科技领域有关。每份科技报告自成一册，含主持单位、报告撰写者、密级、报告号、研究项目号和合同号等。

科技报告是在科研活动的各个阶段，由科技人员按照有关规定和格式进行撰写，以积累、传播和交流为目的，能完整而真实地反映其所从事科研活动的技术内容和经验的特种文献，具有内容广泛、翔实、具体、完整、技术含量高、实用意义大等特点，而且便于交流，时效性好。

我国有国防科技报告、科技部项目结题报告等。美国有四大科技报告，分别为美国商务部的 PB 报告、美国能源部的 DOE 报告、美国国家航空航天局的 NASA 报告及美国武装部队技术情报局的 AD 报告。

(10) 文摘

文摘是检索刊物中描述文献内容特征的条目，是简明、确切地记述原文献重要内容的语义连贯的短文。一系列文摘条目有序排列，即构成文摘杂志。文摘可以概括叙述原文献中的重要事实，包括研究对象、工作目的、主要结果，以及与研究性质、方法、条件、手段等有关的各种资料，在一定程度上可代替原文献。文摘也可以仅指明原文献的主题与内容梗概，为读者查检和选择文献提供线索。文摘不仅具有报道、检索、参考和交流等功能，而且可以节省阅读时间、获取因语言障碍无法得到的文献信息。

中文的文摘杂志有《化学工业文摘》《涂料文摘》《化纤文摘》《精细石油化工文摘》《石油与天然气文摘》《土木工程文摘》《电气工程科技文摘》等。英文的文摘杂志有 *Chemical Abstracts*(CA),*Science Abstracts*(SA)等。

(11) 索引

索引是为了加速对表中数据行的检索而创建的一种分散的存储结构,由数据页面以外的索引页面组成,每个索引页面中的行都会包含逻辑指针,以便加速数据检索。索引的作用相当于图书的目录,可根据目录中的页码快速找到所需的内容。

目前科学研究中常用的索引有两个,一个是科学引文索引 SCI(Science Citation Index),另一个是工程索引 EI(Engineering Index)。这些索引的内容相当于变相的文摘,此外还有论文被引用次数及相关文献链接,进而可获得论文被肯定、修正、否定的情况。

2.2 科技文献资料的检索

在众多科技文献资料中,想要获得对自己课题有用的材料,就需要进行文献检索。文献检索是指对特定的信息集合采用一定的方法、技术手段,根据一定的线索与规则从中找出相关信息;或从已经组织好的大量有关文献集合(文献信息或文献线索)中查找并获取相关文献的过程。

2.2.1 有效检索的几个原则

在众多文献中快速获取自己想要资料的过程称为有效检索。要想进行有效检索,需遵循以下几个原则。

(1) 注意主次及难易

当开始一个课题研究时,首先要全面分析影响最终目标的各种因素,判断主次因素及难易因素。例如,研发一个新产品,可能涉及工艺路线、催化剂、反应方程式、分离技术、分析方法、设备、物化数据、原料等检索词,若目标是高收率,则工艺路线和催化剂是主要因素,其他检索词可不加考虑。

(2) 正确运用阅读方法

面对众多的科技文献资料,研究生没有时间精读每一篇文献。阅读文献应从泛读开始,在适当的时候对某几篇文献进行精读。同时应注意,在进行课题研究前,不可能查阅到所有的相关科技文献资料;随着课题研究的进行,也会出现新的问题和困难。因此,查阅科技文献资料与研究工作应交叉进行。

(3) 注意信息的特点

科技文献资料的数量多、增长快,特别是近十几年来,每年的文献量达几百万篇,且分散在不同期刊、专利、学位论文、会议资料中。应明确各类科技文献资料的特点,重点关注与课题相关的几类科技文献资料。

各类文献，如专业书籍、手册、论文、专利等的质量参差不齐，在检索文献过程中要有侧重，有的文献需反复推敲，有的则可观其大略。另外，很多文献内容有交叉和重复，且发表分散，不同期刊上有时会出现相近的研究结果。研究生应熟悉与本研究领域最相关的几种期刊，并长期关注。

2.2.2 有效检索的一般步骤

研究生可根据对科研课题相关研究内容的熟悉程度，确定有效检索方法。对于较熟悉的课题，可直接利用相关专业术语（中文关键词、英文关键词、缩写词等），确定检索方法或检索式，直接检索文献。对于不太熟悉的课题，则需由浅入深，分步进行检索，其步骤如下。

（1）从百科全书中获取专业术语

若研究生对将要进行的科研课题不熟悉，则需要通过由浅入深的方法检索所需资料，如可首先查阅相关百科全书，获得对某一领域的大致认识，并从中获取相关专业术语、英文名和缩写词等。

（2）查阅相关专业书籍和综述性论文

与百科全书相比，专业书籍和综述性论文更全面且专业。特别是综述性论文，它是对当前某一专题研究现状和进展的总结。研究生可从综述性论文中一次性获得大量文献，据此了解拟开展课题的研究现状。此外，通过专业书籍和综述性论文的阅读，还可获得更加全面、细致的专业术语，甚至可以根据综述性论文的参考文献进一步查阅大量与课题相关的文献资料。

（3）确定检索方法或检索式

通过专业书籍和综述性论文获得全面、细致的专业术语之后，可以确定检索方法或检索式，进而检索到大量更为相关的文献资料，避免遗漏。

2.2.3 科技文献检索的具体步骤

文献检索是指根据学习和工作的需要获取文献的过程。随着现代网络技术的发展，文献检索更多的是以计算机技术为手段，利用光盘和联机等现代检索方式进行文献检索。目前，计算机信息检索已成为研究生科研工作中的一项基本技能。在文献检索过程中，研究生要善于思考，并通过经常性的实践，逐步掌握文献检索的规律，从而迅速、准确地获得所需文献。

文献检索首先要明确查找目的与要求，选择检索工具，确定检索途径和方法，然后根据文献线索，查阅原始文献。具体实施过程是当课题确定后，根据检索目的和要求，提炼检索词，进行检索词扩充，制定检索式，选择适宜的数据库，利用相应的平台检索文献资料。

1）检索词的提炼

检索词，就是课题的关键词。当课题确定后，要根据课题内容提炼适当的检索词。一般遵循以下几点原则。

(1) 抓取反映课题实质内容的关键词

根据课题的研究对象、研究目的、研究方法等，研究生可以与导师、学长讨论，了解和选取能反映课题实质内容的关键词，也可从已有文献中提取关键词。

(2) 避免过长的检索词

在制定检索词时，要避免使用过长的检索词。如“锂电池的正极”作为检索词就不合适，会造成“锂电池正极”“锂离子电池的正极”等文献无法检索到，导致检索的文献数量过少、大量文献漏检。一般一个检索词仅包含一个实词，如可以选择“锂”“电池”“正极”作为检索词，并用逻辑符组成检索式。

(3) 少用概念宽泛而检索意义不大的关键词

在每篇文献中几乎都会出现的高频词，一般概念比较宽泛、检索意义不大。确定检索词时，尽量不使用这些高频词。如“材料”“性能”“研究”等词，使用频率高，会导致检索的文献数量过多而无法区分其与课题的相关性。

2）检索词的扩充

确定关键词后，若仅以此关键词进行检索，会漏检许多重要的文献。进行关键词扩充是解决漏检问题的有效途径。所谓扩充是指找寻关键词的同义词或不同的写法。

中文关键词的扩充一般可用已有词汇检索相关文献，阅读过程中再进一步扩充其不同表述方式和同义词(特别关注综述性论文及其参考文献)。也可根据已有词汇，到搜索引擎搜索其近义词、缩写、简称、俗称、商品名等。有的数据库中有同义词查找功能，图 2.1为维普数据库中同义词查找功能界面，显示“乙醇”的同义词为“酒精，alcohol，ethanol，fuel bioethanol，spirit”。此外，需注意中文数据库中下标的表达方式各异，需要制定不含下标的检索词，如 $MgCl_2$ 制定检索词时应写为“MgCl”。

英文关键词的扩充途径有：利用金山词霸、科技词典等工具及互联网上的翻译助手(如“CNKI 翻译助手”等)，用学术搜索引擎查找词频较高的英文词组，从检出中文文献的英文摘要中选词，从检出的英文文献中进一步补充，以及利用 EI 等数据库的关键词索引。

下面以“$LiFePO_4$/C 锂电池正极材料的高低温性能”为例，说明检索词的提炼及扩充。

从题目中可以分析出课题的研究内容，<u>$LiFePO_4$/C</u> <u>锂电池正极材料</u>的<u>高低温性能</u>三处下划线分别对应课题的材料、用途和性能，如表 2.1 所示。由表 2.1 可知，该课题涉及四个关键词：LiFePO4、锂电池、正极、温度。

图 2.1　维普数据库中同义词查找功能界面

表 2.1　“$LiFePO_4$/C 锂电池正极材料的高低温性能”课题对应的关键词

分类	材料	用途	性能
内容	$LiFePO_4$/C	锂电池正极材料	高低温性能
关键词	LiFePO4	锂电池、正极	温度

然后对上述四个关键词的中文检索词进行扩充。“LiFePO4”在中文文献中的写法有 LiFePO4、LiFePO、磷酸铁锂、磷酸锂铁等；“锂电池”在中文文献中的写法有锂电池、锂离子电池、锂二次电池、锂硫电池、锂空气电池等多种，无法列全，可用“锂 and 电池”逻辑式来涵盖大部分说法；“正极”在中文文献中的写法有正极或阳极；“温度”在中文文献中的写法有温度、高温、低温等。

对上述四个关键词的英文检索词进行扩充。“LiFePO4”在英文文献中的写法有 LiFePO4、LiFePO、lithium iron phosphate、iron lithium phosphate 等；“锂电池”在英文文献中的写法有 lithium-ion battery，Li-ion battery，lithium-ion cell，rechargeable lithium battery，lithium secondary battery，lithium battery，lithium cell 等，可用“(lithium or Li) and (battery or cell)”逻辑式来包含大部分说法；“正极”在英文文献中的写法有

anode, positive electrode;“温度”不管是高温还是低温,均包括 temperature。

3) 检索式的制定

确定检索词并进行扩充后,需制定检索式。一般不同的概念之间用逻辑“与”“and”或“*”,表述同一个概念的词(同义词)之间用逻辑“或”“or”或“+”。

如上例,检索词扩充后,依据上述逻辑关系制定的检索式如下:

(LiFePO4+LiFePO+磷酸铁锂+磷酸锂铁)*锂*
电池*(正极+阳极)*(温度+低温+高温)

或者

(LiFePO4 or LiFePO or 磷酸铁锂 or 磷酸锂铁) and 锂 and
电池 and (正极 or 阳极) and (温度 or 低温 or 高温)

若不进行检索词扩充,则检索到的文献数目有限。如“$LiFePO_4$/C 锂电池正极材料的高低温性能”课题若不扩充检索词,以“LiFePO4 *锂电池*正极*温度”为检索式,在中国知网上进行检索,如图 2.2 所示,仅检索到 91 篇相关文献。

图 2.2　“$LiFePO_4$/C 锂电池正极材料的高低温性能”课题不扩充检索词的检索结果(中国知网)

若以“(LiFePO4＋LiFePO＋磷酸铁锂＋磷酸锂铁)∗锂∗电池∗(正极＋阳极)∗(温度＋低温＋高温)”为检索式在中国知网上进行检索，如图 2.3 所示，检索结果大大增加，检索到 211 篇相关文献。

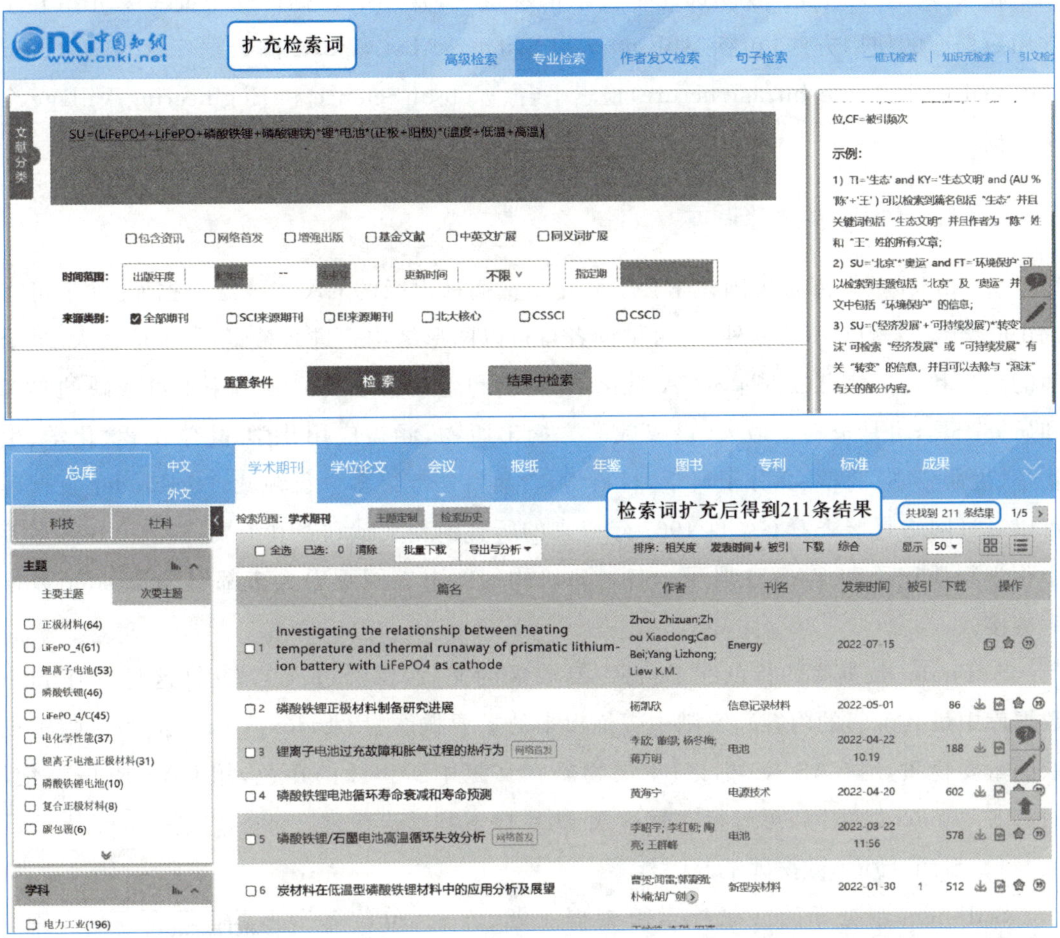

图 2.3 “$LiFePO_4$/C 锂电池正极材料的高低温性能”课题扩充检索词后的检索结果(中国知网)

4) 数据库的检索

数据库是按照数据结构来组织、存储和管理数据的仓库。数据库中存放着百万至上亿条文献信息，但这些信息并非随意存放，而是遵循着一定规则，以便查找。例如，根据文献资源的题录信息进行存储或分类，包括标题、来源、文摘、作者、单位等信息。随着科技的发展，出现了各式各样、各行各业的数据库，使文献检索越来越便捷。

根据涵盖的内容，数据库可分为文摘数据库和全文数据库。工程领域的文摘数据库有 SciFinder(即前文所述的 CA 文摘数据库)、Science Abstracts 等，综合类的文摘数据库有 Web of Science、Engineering Village 等；工程领域的全文数据库有 ACS、RSC、IEEE 等，综合类的全文数据库有 Elsevier Science Direct、Springer Link、Wiley Online Library、中国知网、万方等。

2.3 几个重要数据库文献检索实例

在众多数据库中，一般优选几个文献信息量大、常用的数据库。下面主要介绍几个常用数据库的使用方法，包括 SciFinder 和 Science Abstracts 文摘数据库、CNKI(China National Knowledge Infrastructure)检索平台、Web of Science 和 Engineering Village 全文数据库。

2.3.1 SciFinder 数据库

SciFinder 数据库是美国化学会下属化学文摘社出版的 CA 在线版数据库，除了可查询 1907 年以来的 CA 数据外，更可供读者自行以图形结构式进行检索，是全球最大、最全面的化学和化工信息数据库。CA 是化学、化工和生命科学研究领域中不可或缺的参考和研究工具，也是资料量最大、最权威的文摘出版物，涵盖应用化学、化学工程、化学、生物学、生命科学、药学、高分子科学、材料学、食品科学等诸多学科领域。SciFinder 数据库可以通过网络直接查看 CA 自 1907 年以来的所有期刊文献和专利摘要，以及 6 000 多万个化学物质记录和 CAS 注册号。各科研机构的图书馆网页中大多都有 SciFinder 数据库链接。

SciFinder 数据库的特色在于：每一篇收录的文献，都经过人工索引(这是 SciFinder 数据库中最具价值的内容)；文献中提炼出来的重要概念，用 Index Term 标记；文献中提取的重要物质，用 CAS No 标记；重要物质在文献中所担任的角色，用 CAS Role 标记。通过 SciFinder 数据库，可进行文献检索、物质检索和反应检索。

1) SciFinder 数据库的文献检索

SciFinder 数据库的文献检索可根据主题、作者、单位名称、期刊名等检索文献的摘要(图 2.4)，再据此获得全文信息。当关注某特定领域的文献时，可进行主题检索；关注物质有关的文献时，可先获得物质信息，再进一步获得文献；关注某科研人员的文献时，可进行作者检索；关注某机构的科研进展时，可进行机构检索。

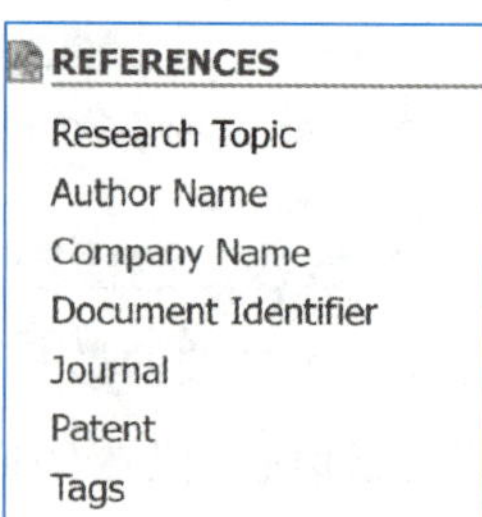

图 2.4 SciFinder 数据库的文献检索界面

下面以“glass self-cleaning coating with preparation”主题检索举例说明 SciFinder 数据库的文献检索过程。首先进入 SciFinder 数据库的主题检索界面(图 2.5)，主题检索结果按匹配程度依次显示(图 2.6)。其中，“closely associated with one another”的检索结果与主题最为相近，有 456 篇文献。此外，还可通过“Citing References”检索帮助找到此 456 篇文献中最重要、最相关的文献(图 2.7)。

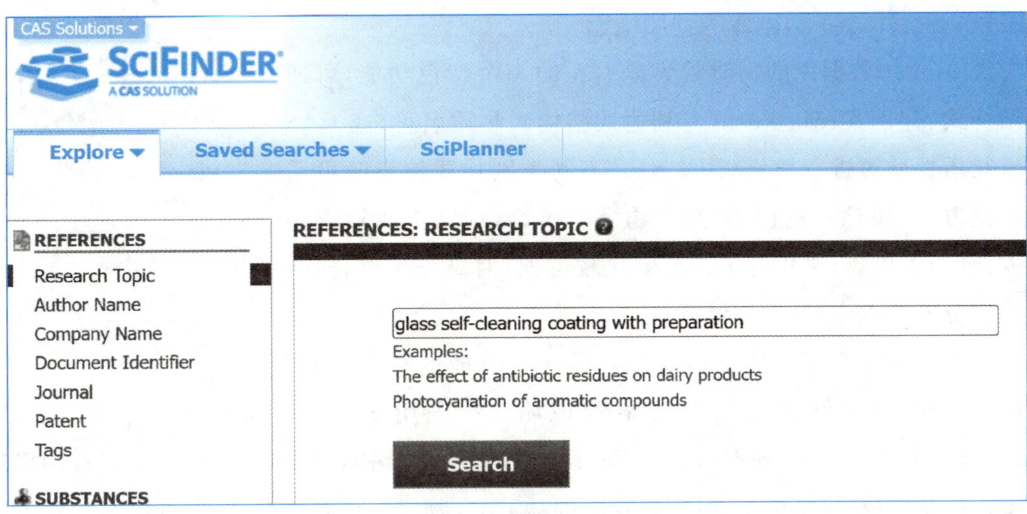

图 2.5 SciFinder 数据库的主题检索界面

1 of 10 Research Topic Candidates Selected

		References
☑	456 references were found containing "...leaning coating" and "preparation" closely associated with one another. 文献检索结果最合适的选项	456
☐	730 references were found where all of ... "cleaning coating" and "preparation" were present anywhere in the reference.	730
☐	4322 references were found containing the two concepts **"glass self"** and **"preparation"** closely associated with one another.	4322
☐	9453 references were found where the two concepts **"glass self"** and **"preparation"** were present anywhere in the reference.	9453
☐	13067 references were found containing the two concepts **"cleaning coating"** and **"preparation"** closely associated with one another.	13067
☐	22306 references were found where the two concepts **"cleaning coating"** and **"preparation"** were present anywhere in the reference.	22306
☐	1353 references were found containing both of the concepts **"glass self"** and **"cleaning coating"**.	1353
☐	23612 references were found containing the concept **"glass self"**.	23612
☐	60650 references were found containing the concept **"cleaning coating"**.	60650
☐	15543951 references were found containing the concept **"preparation"**.	15543951

Get References

图 2.6 SciFinder 数据库的主题检索结果界面

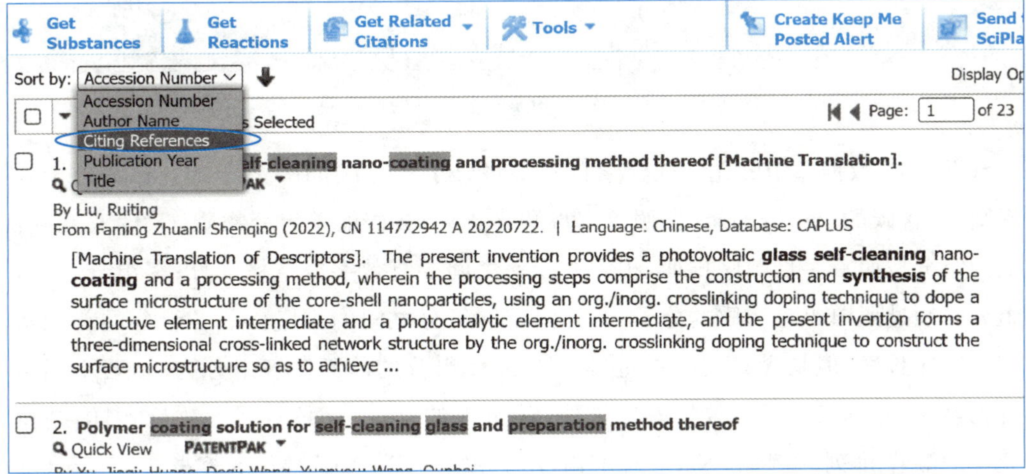

图 2.7 SciFinder 数据库的主题检索中 Citing References 帮助找到最重要、最相关的文献结果界面

2）SciFinder 数据库的物质检索

SciFinder 数据库的物质检索是 CA 的一个特色功能，可通过结构式、分子式、Markush（专利通式结构）、物质名称（或 CAS 号）、物质性质等进行检索（图 2.8）。不同类别物质检索时可采用不同方法，如对有机物、天然产物及衍生物，用结构式检索比较方便；对无机物，采用分子式检索比较方便；对高分子化合物，优先用分子式检索，其次用结构式检索。

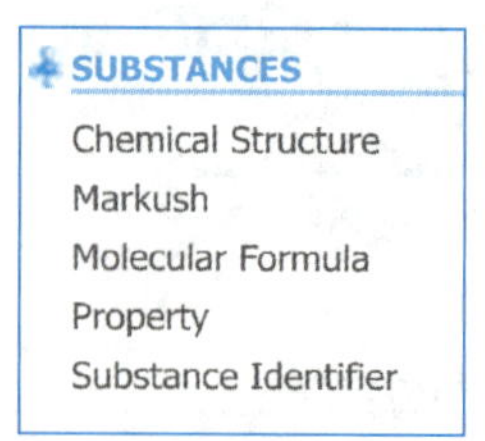

图 2.8 SciFinder 数据库的物质检索界面

SciFinder 数据库中的结构式检索是一个万能的检索方式。下面以青蒿素为例进行结构式检索说明。首先用 SciFinder 数据库中的"Chemical Structure"，进入"Structure Editor"界面，画出青蒿素的结构，如图 2.9 所示，界面右侧出现"Exact search"（精确结构搜索：所画物质的盐、聚合物、混合物、配合物等，母体结构既不能修改，也不能修饰）、"Substructure search"（亚结构搜索：所画的结构必须存在，母体结构不能修改，但可以修饰）、"Similarity search"（相似结构搜索：母体结构既可以修改，也可以修饰，用相似度来控制获得的结果）3 个选项，分别点击后出现如图 2.10 所示的 3 种检索结果。

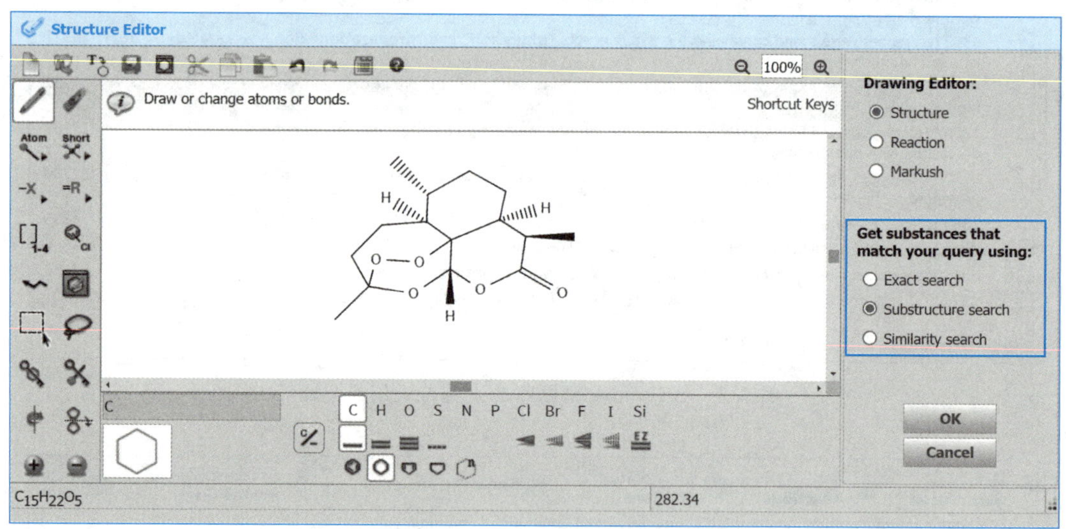

图 2.9 SciFinder 数据库中用青蒿素的结构式进行检索的界面

SciFinder 数据库中的化学式检索首先要将分子式写成 Hill 分子式。Hill 分子式撰写规则：不含碳的单组分物质，按照首字母顺序排列；含碳的单组分物质，C、H 写在前面，其他的组分按照首字母顺序排列，相邻的元素之间要有数字或空格区分；多组分物质，每一组分必须遵照单组分物质的分子式书写，不同组分之间的排序按照各组分的首元素的首字母顺序排序，但是含 C 组分一定排在不含 C 组分的前面。多组分物质，若不同组分的首元素相同，则按照元素数量多少排序，数量多的排在前面；若元素数量一样，则按照次元素的顺序排列。例如，NaCl 的 Hill 分子式为"Cl ◊Na"（◊代表空格），$NiCo_2O_4$ 的 Hill 分子式为"Co2Ni ◊O4"，三溴苯胺的 Hill 分子式为"C6H4Br3N"。

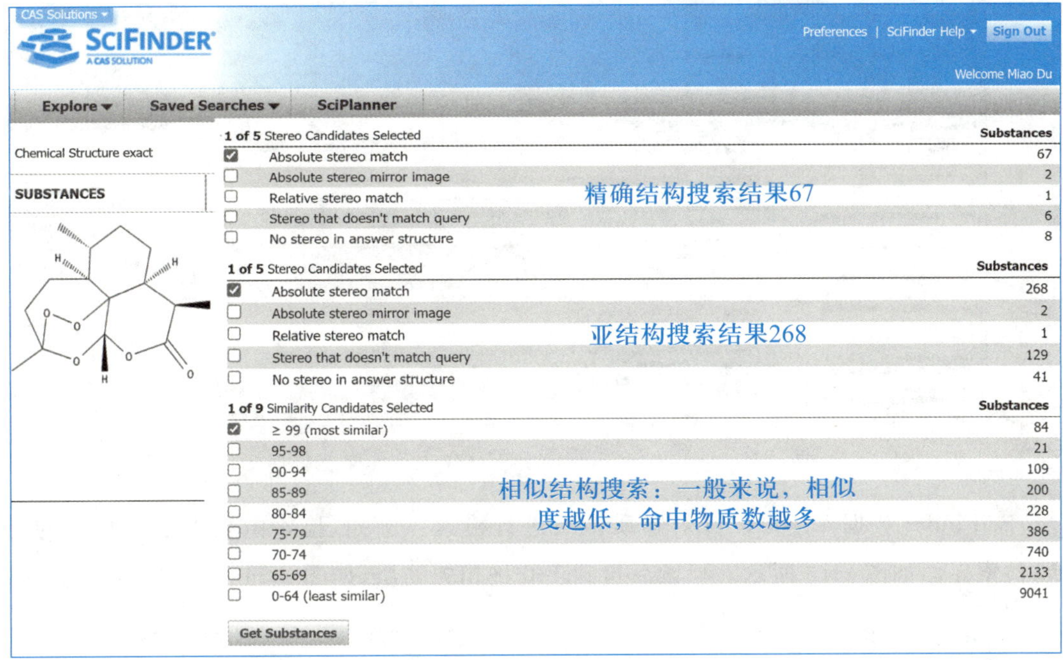

图 2.10 SciFinder 数据库中青蒿素结构式 3 种检索结果界面的比较

SciFinder 数据库中的 Markush 检索方式特别适合专利检索。Markush 是指一类物质的通式（如 C1～C8 烷基单取代苯，Markush 结构式为"—R，R 为 C1～C8 的烷基"），是专利权利要求保护的通式结构，一个 Markush 可以表示上百或上千的化学物质，因此不会被标示 CAS 号。Markush 可以检索到通过结构检索查不到的专利文献。Markush 检索时首先用 SciFinder 中的"Structure Editor"，并选择"Markush"，画出主体结构，然后在界面右下方选择所定义的位置添加通式官能团，如图 2.11 所示。检索后得到 3 篇相关专利文献，如图 2.12 所示。

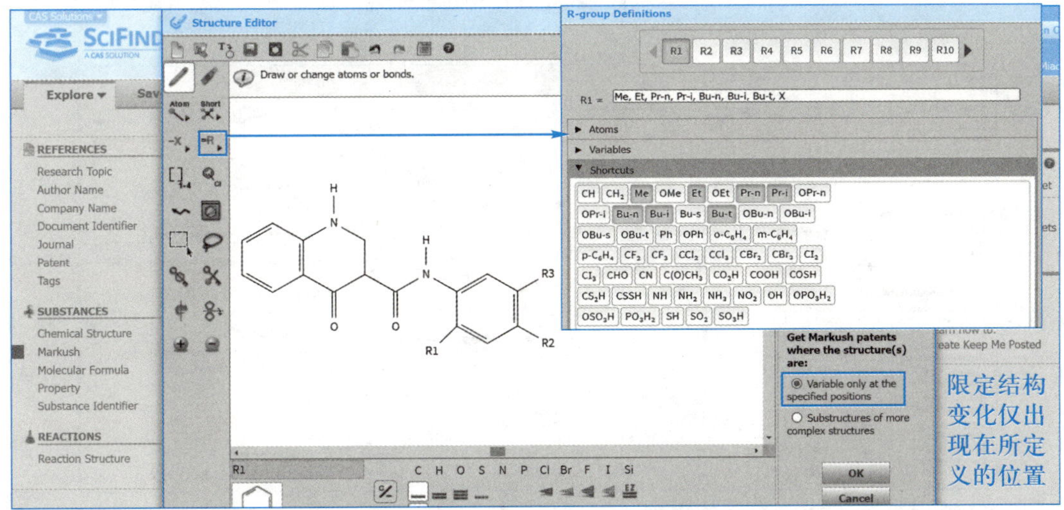

图 2.11 SciFinder 数据库中 Markush 检索界面

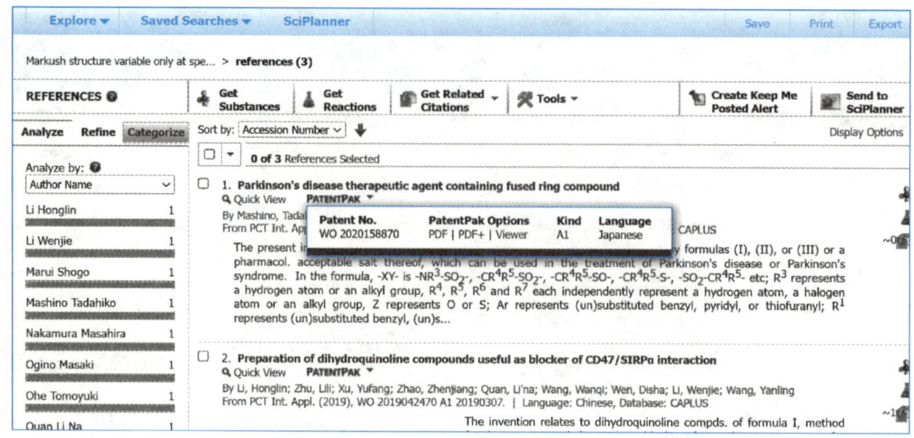

图 2.12　SciFinder 数据库中 Markush 检索结果界面

SciFinder 数据库还可以针对物质性质进行检索。例如，检索电阻大于 100 Ω 的物质，检索界面如图 2.13 所示。检索后得到 140 种相关物质，如图 2.14 所示。

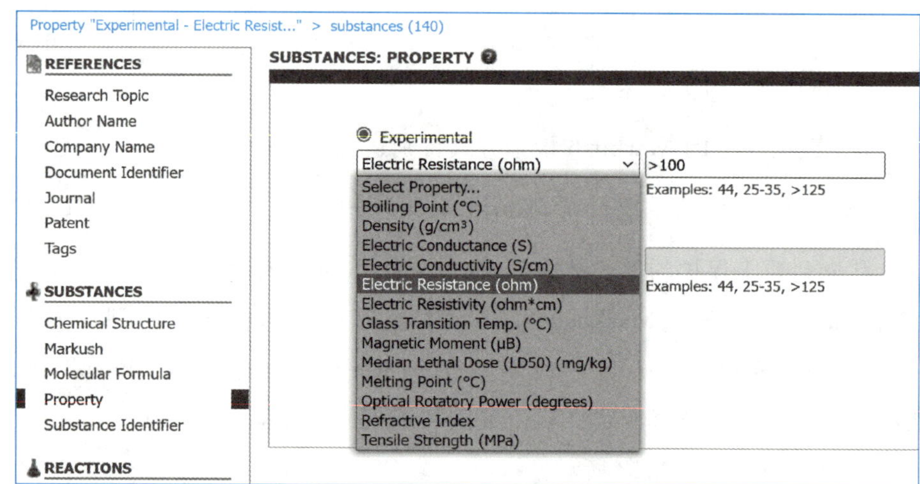

图 2.13　SciFinder 数据库中物质性质检索界面

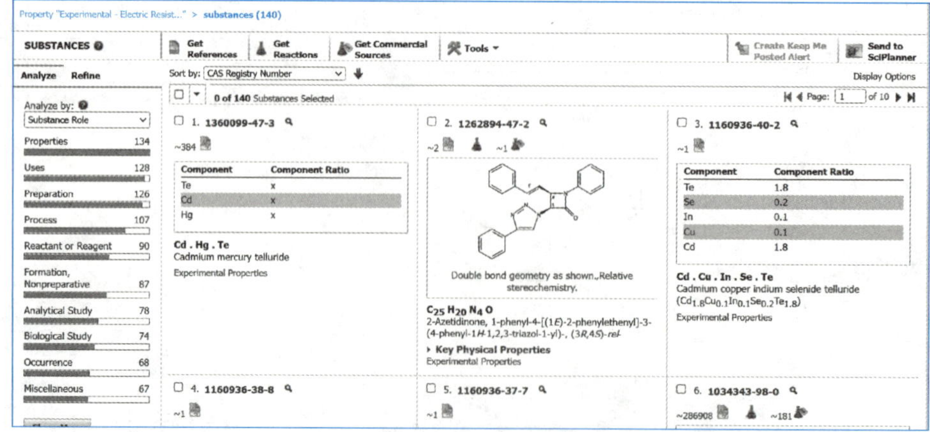

图 2.14　SciFinder 数据库中物质性质检索结果界面

SciFinder 数据库还可以通过物质的 CAS 号进行检索。如图 2.15 所示，每行一个物质的 CAS 号，一次最多可输入 25 种物质的 CAS 号。检索后还可进一步得到相关制备文献、反应文献、供应商等信息，如图 2.16 所示。

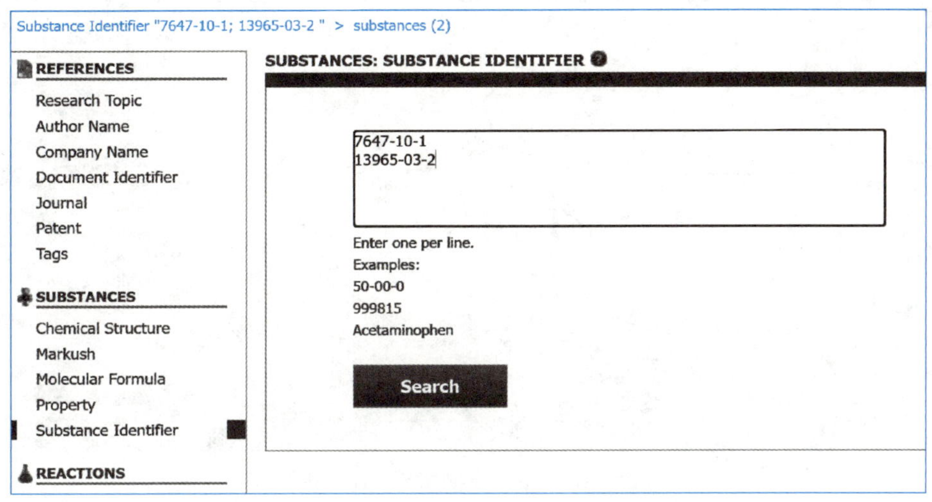

图 2.15　SciFinder 数据库中物质 CAS 号检索界面

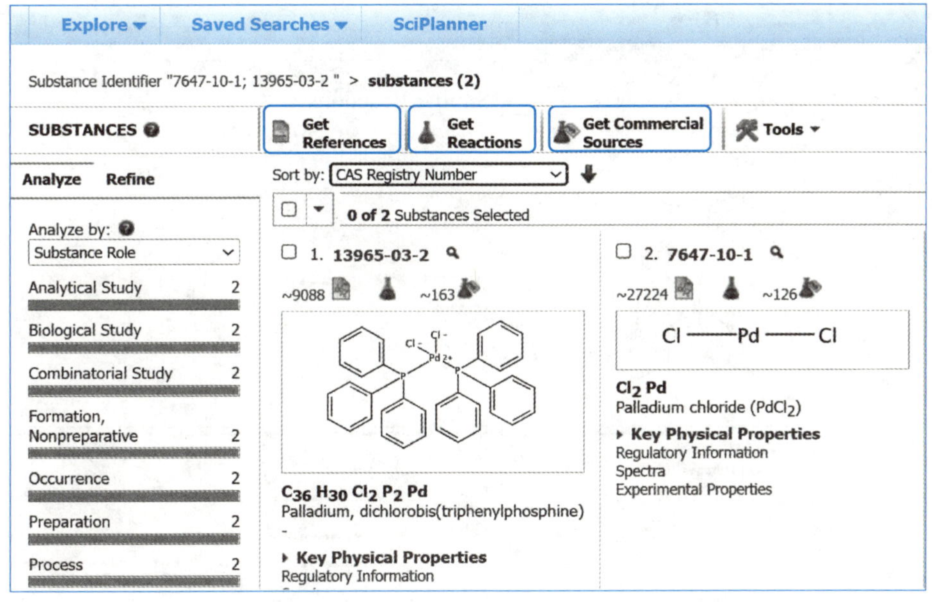

图 2.16　SciFinder 数据库中物质 CAS 号检索结果界面

3）SciFinder 数据库的反应检索

SciFinder 数据库也可进行反应路线、反应过程、反应条件、相似反应等反应检索。如图 2.17 所示，通过 SciFinder 数据库中的“Structure Editor”，选择界面右上方的“Reaction”，画出物质的结构，并在界面右下方选择更多亚结构式，可检索得到 27 篇文献（图 2.18）。在如图 2.18 所示界面的中部上方，点击“Similar Reactions”，可以检索到相似

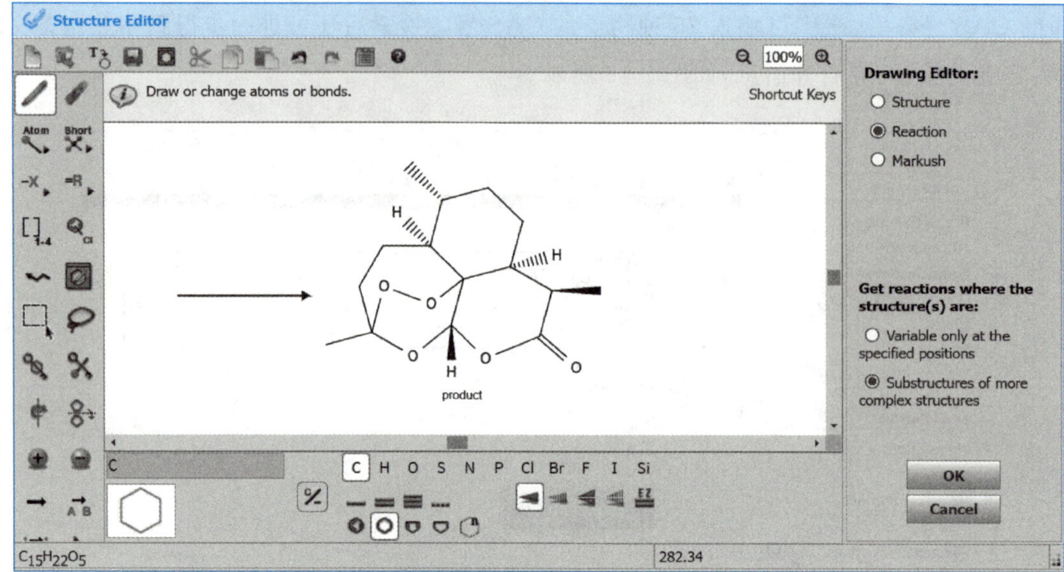

图 2.17 SciFinder 数据库的反应检索界面

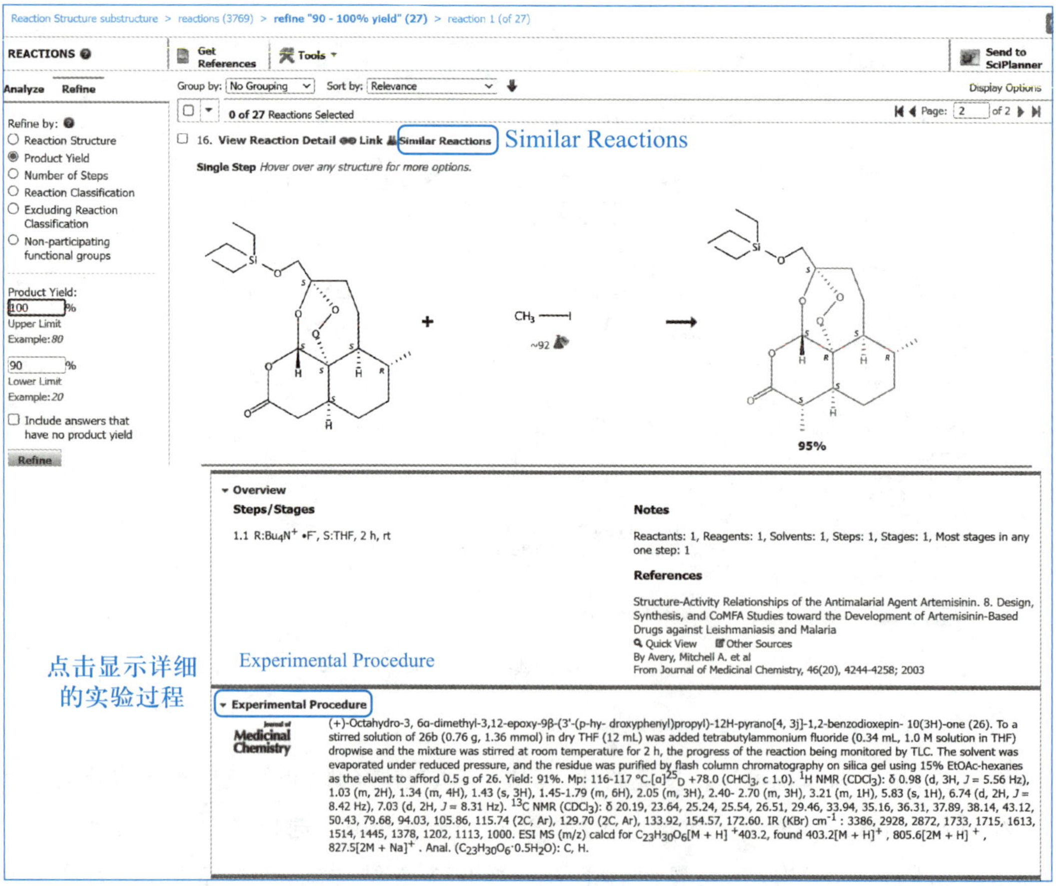

Reaction Structure substructure > reactions (3769) > refine "90 - 100% yield" (27) > reaction 1 (of 27)

REACTIONS | Get References | Tools | Send to SciPlanner

Analyze | Refine

Group by: No Grouping Sort by: Relevance Display Options

0 of 27 Reactions Selected Page: 2 of 2

Refine by:
- Reaction Structure
- Product Yield
- Number of Steps
- Reaction Classification
- Excluding Reaction Classification
- Non-participating functional groups

Product Yield:
100 %
Upper Limit
Example: *80*

90 %
Lower Limit
Example: *20*

Include answers that have no product yield

Refine

16. **View Reaction Detail** **Link** Similar Reactions Similar Reactions

Single Step *Hover over any structure for more options.*

Si O O O O O H H H + CH_3—I ~92 → Si O O O O O H H H 95%

▾ **Overview**

Steps/Stages

1.1 R:Bu_4N^+ •F^-, S:THF, 2 h, rt

Notes

Reactants: 1, Reagents: 1, Solvents: 1, Steps: 1, Stages: 1, Most stages in any one step: 1

References

Structure-Activity Relationships of the Antimalarial Agent Artemisinin. 8. Design, Synthesis, and CoMFA Studies toward the Development of Artemisinin-Based Drugs against Leishmaniasis and Malaria

Quick View Other Sources

By Avery, Mitchell A. et al

From Journal of Medicinal Chemistry, 46(20), 4244-4258; 2003

点击显示详细的实验过程

Experimental Procedure

▾ **Experimental Procedure**

Journal of Medicinal Chemistry

(+)-Octahydro-3, 6α-dimethyl-3,12-epoxy-9β-(3'-(p-hy- droxyphenyl)propyl)-12H-pyrano[4, 3j]-1,2-benzodioxepin- 10(3H)-one (26). To a stirred solution of 26b (0.76 g, 1.36 mmol) in dry THF (12 mL) was added tetrabutylammonium fluoride (0.34 mL, 1.0 M solution in THF) dropwise and the mixture was stirred at room temperature for 2 h, the progress of the reaction being monitored by TLC. The solvent was evaporated under reduced pressure, and the residue was purified by flash column chromatography on silica gel using 15% EtOAc-hexanes as the eluent to afford 0.5 g of 26. Yield: 91%. Mp: 116-117 °C.$[\alpha]^{25}_D$ +78.0 ($CHCl_3$, c 1.0). ^1H NMR ($CDCl_3$): δ 0.98 (d, 3H, J = 5.56 Hz), 1.03 (m, 2H), 1.34 (m, 4H), 1.43 (s, 3H), 1.45-1.79 (m, 6H), 2.05 (m, 3H), 2.40- 2.70 (m, 3H), 3.21 (m, 1H), 5.83 (s, 1H), 6.74 (d, 2H, J = 8.42 Hz), 7.03 (d, 2H, J = 8.31 Hz). ^{13}C NMR ($CDCl_3$): δ 20.19, 23.64, 25.24, 25.54, 26.51, 29.46, 33.94, 35.16, 36.31, 37.89, 38.14, 43.12, 50.43, 79.68, 94.03, 105.86, 115.74 (2C, Ar), 129.70 (2C, Ar), 133.92, 154.57, 172.60. IR (KBr) cm^{-1} : 3386, 2928, 2872, 1733, 1715, 1613, 1514, 1445, 1378, 1202, 1113, 1000. ESI MS (m/z) calcd for $C_{23}H_{30}O_6[M + H]^+$403.2, found 403.2$[M + H]^+$, 805.6$[2M + H]^+$, 827.5$[2M + Na]^+$. Anal. ($C_{23}H_{30}O_6 \cdot 0.5H_2O$): C, H.

图 2.18 SciFinder 数据库的反应检索结果界面

反应的文献；在该界面的左下方，点击“Experimental Procedure”，则可显示详细的实验过程。

2.3.2 CNKI 检索平台

CNKI 检索平台即中国知识资源总库，又称中国知网，提供 CNKI 源数据库及外文类、工业类、农业类、医药卫生类、经济类和教育类等多种数据库。其中综合性数据库包括中国期刊全文数据库、中国博士学位论文全文数据库、中国优秀硕士学位论文全文数据库、中国重要报纸全文数据库和中国中药会议论文全文数据库，且每个数据库都提供初级检索、高级检索和专业检索三种检索功能，其中高级检索最为常用。

以高级检索界面为例，可选择主题、标题、摘要、作者、出版物名称等，然后输入拟检索内容。如图 2.19 所示，选择“主题”，输入检索内容“改性聚苯醚”，在文献分类目录条目下，选择全部学科，可检索到 182 条结果。

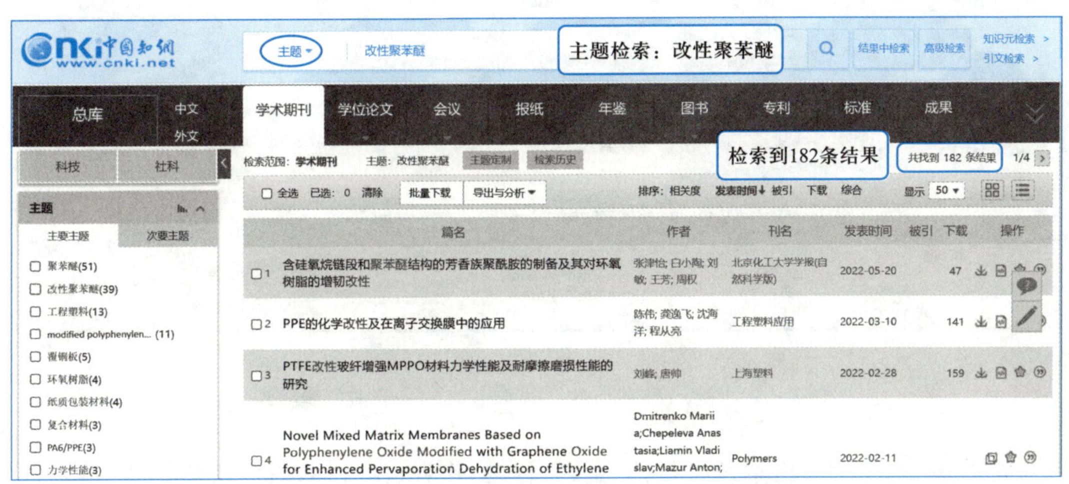

图 2.19 CNKI 检索平台高级检索的主题检索结果界面

也可用专业检索界面进行检索。若想要在全文中检索(只要全文中某处出现了“改性聚苯醚”)，则输入“FT=改性聚苯醚”[图 2.20(a)]，可检索到 1 268 条结果[图 2.20(b)]。

2.3.3 Web of Science 数据库

Web of Science 数据库是美国 Thomson Scientific 公司基于网络开发的产品，是一个大型综合性、多学科、核心期刊引文索引数据库。Web of Science 数据库以 ISI Web of Knowledge 作为检索平台，包括科学引文索引(Science Citation Index, SCI)、社会科学引文索引(Social Sciences Citation Index, SSCI)和艺术与人文科学引文索引(Arts & Humanities Citation Index, A&HCI)三个引文数据库，具有更新频率高、检索年度可自定、被引作者信息完整、相关记录完善、被引信息丰富等特点。目前，Web of Science 已自动开通 116 种免费期刊的全文链接，拥有更新、更强大的功能。

(a)

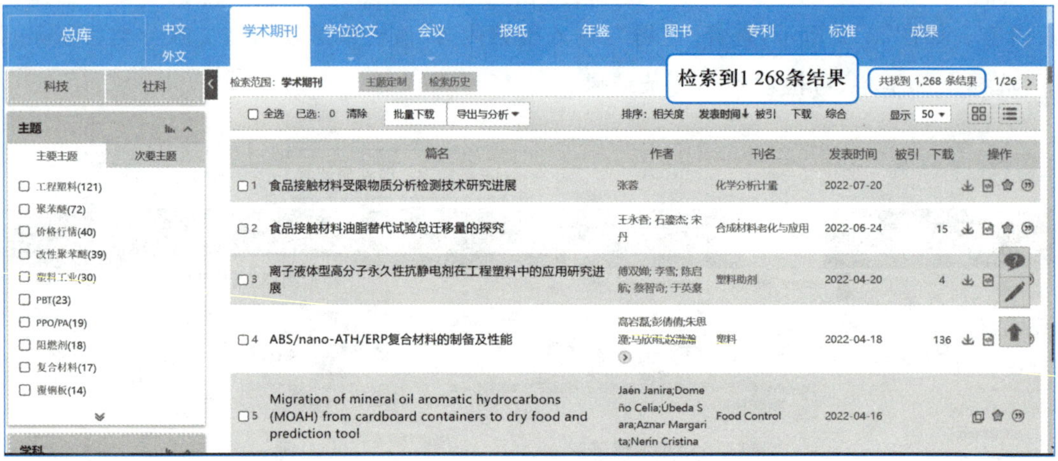

(b)

图 2.20 CNKI 检索平台专业检索的全文检索结果界面

Web of Science 的检索条目包括：主题、标题、作者、作者标识符、团体作者、编者、出版物标题、DOI、出版年、地址、机构扩展、会议、语种、文献类型、基金资助机构、授权号、入藏号、PubMed ID 等，如图 2.21 所示。

检索词的不同写法可能会导致检索结果有差异。如以作者为检索条目检索“单国荣”相关的论文，当以“shan g”或“shan g*”为检索词时，数据库显示有 27 种可能（g 后面加 26 个字母或空白），文献数量非常大，达 1 798 篇；当以“shan gr”为检索词时，文献数量则大大减少，为 193 篇。

如图 2.22 所示检索结果中，大部分文献显示有“出版商处的全文”，点击该按钮即可获得论文全文的 PDF 文件。若点击该条文献，可获得有关论文的更加详细的信息（作者姓名的标准缩写、原文摘要、关键词、分类、语种等文献信息；影响因子等期刊信息等），如图 2.23 所示。

标题和主题检索有一定区别。如以标题检索词“hydrogel”，表示仅检索题目中包含“hydrogel”的文献，检索到的文献数量为 30 236 篇[图 2.24(a)]。若以主题检索“hydro-

图 2.21 Web of Science 数据库检索界面

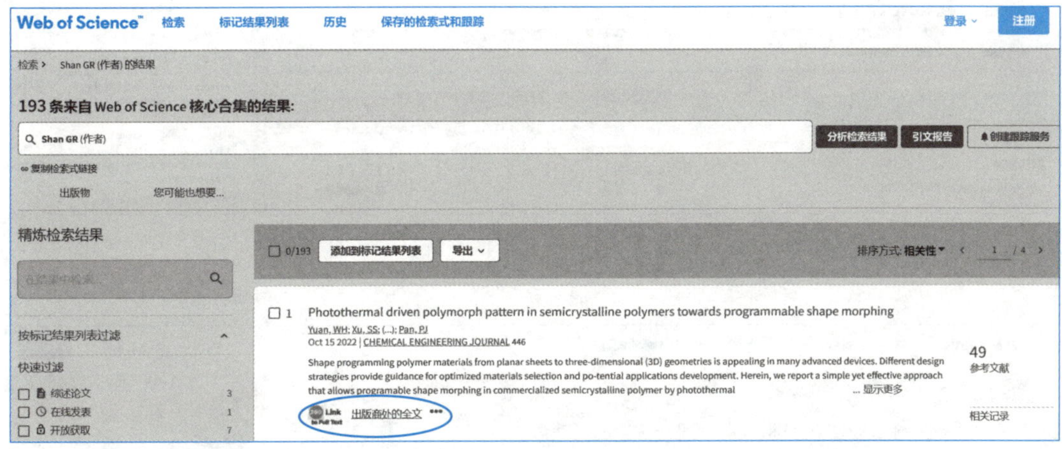

图 2.22 Web of Science 数据库检索结果界面

gel”,意味着只要标题、摘要、关键词三者中有一个项目包含“hydrogel”,就会被检索到,检索结果大大增加,可达 81 626 篇[图 2.24(b)]。

当以主题检索“hydrogel”得到的检索文献数量过多时,可通过添加主题检索词,用逻辑“与”的关系,减少检索文献数量。如在“hydrogel”基础上再添加“double network”,二者关系选择“AND”[图 2.25(a)],则检索文献结果可降至 2 089 篇[图 2.25(b)]。

2.3.4 Science Abstracts 数据库

ScienceAbstracts 是 1898 年由英国电气工程师学会编辑发行的数据库,主要包括物理、电子电气、计算机与控制、信息科学四个学科,分别对应 A、B、C、D 四辑。检索方法有主题检索、作者检索、来源出版物检索、出版年检索、地址检索等,其网络版数据库检索类似于 SCI 索引。Science Abstracts 的使用方法与 Web of Science 的使用方法类似。

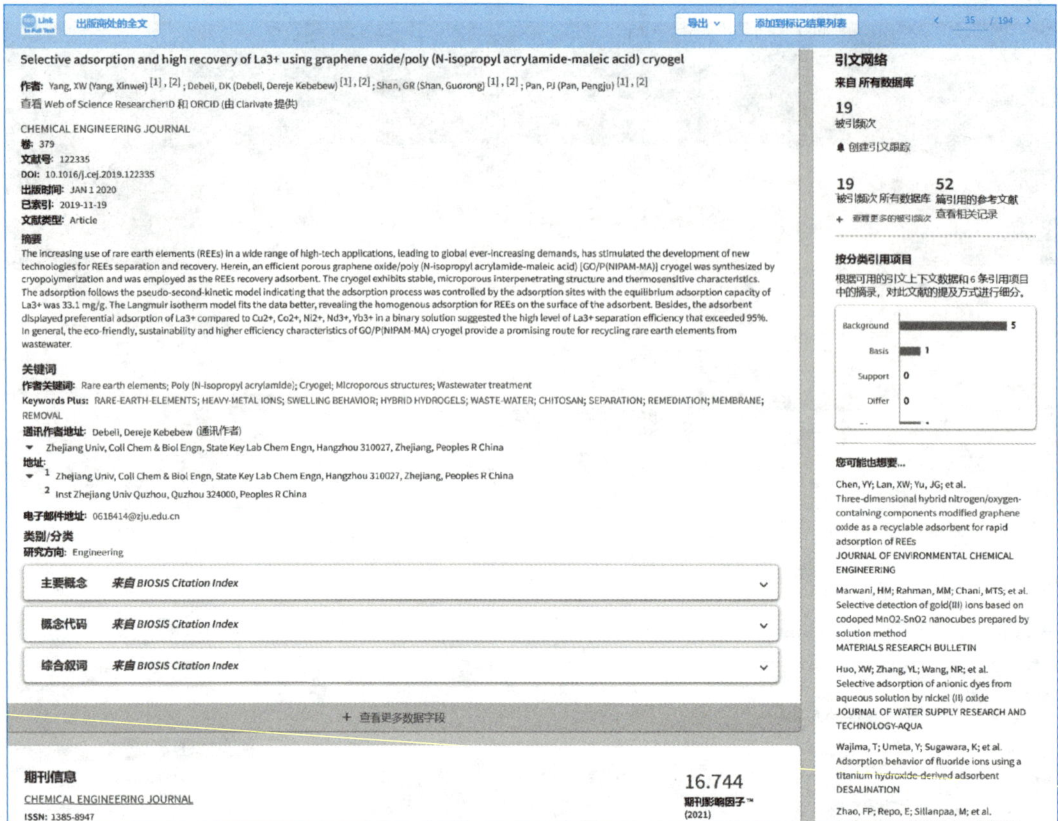

图 2.23 Web of Science 数据库文献详细信息界面

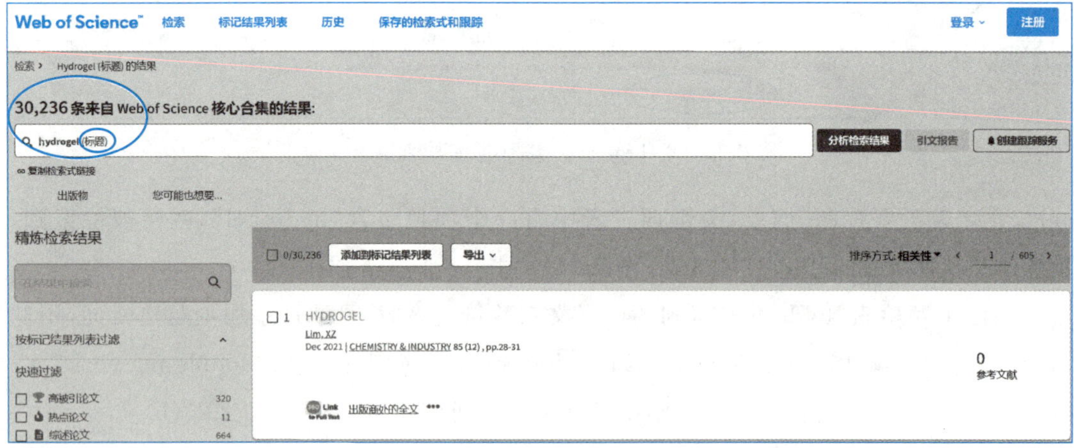

(a)

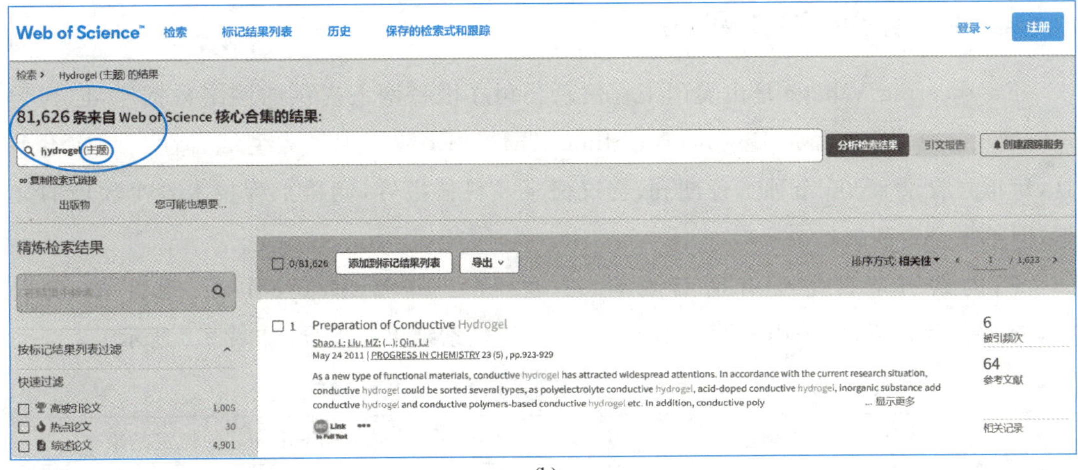

(b)

图 2.24 Web of Science 数据库标题和主题检索结果比较

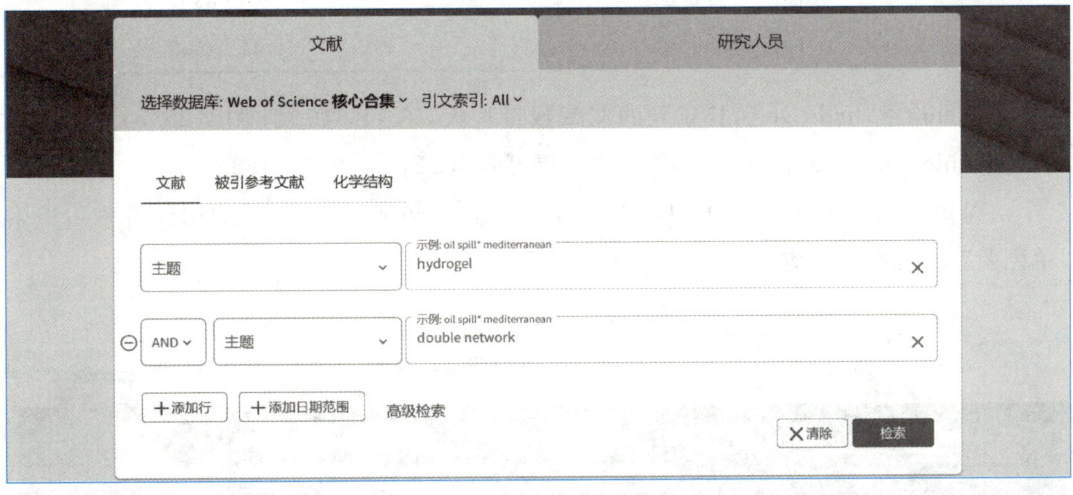

(a)

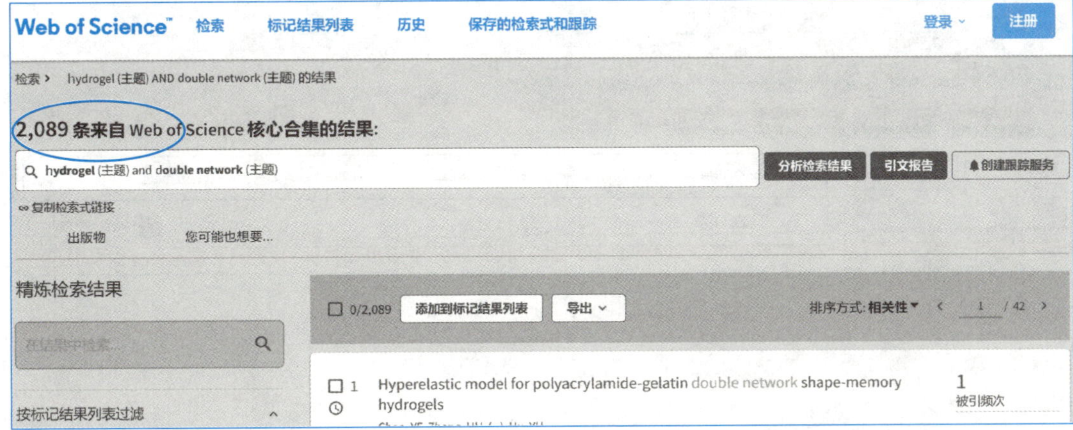

(b)

图 2.25 Web of Science 数据库 2 个主题词检索结果

2.3.5　Engineering Village 数据库

Engineering Village 是由美国工程信息公司在因特网上提供的网络数据库，创刊于 1884 年，它的核心产品是 Engineering Index（EI）。EI 数据库是大型综合性文献检索工具，每年共收录 8 000 余种工程期刊、会议记录及科技报告，涵盖工程技术各个领域的文献，但不收录专利文献。

EI 的索引条目主要有所有场合、主题/题目/摘要、摘要、作者、题目等，仍以“hydrogel”为检索词，采用不同索引条目时的 EI 检索结果有差异，如表 2.2 所示。

表 2.2　不同索引条目时的 EI 检索结果比较

索引条目	“hydrogel”的检索结果
All fields（所有场合）	66 519 篇
Subject/Title/Abstract（主题/题目/摘要）	66 438 篇
Abstract（摘要）	60 688 篇
Title（题目）	41 546 篇

用题目检索“hydrogel”，检索到的文献数量过大，达 41 546 篇[图 2.26(a)]，可增加题目“double network”进一步限定，检索结果可降至 627 篇[图 2.26(b)]。

与 Web of Science 不同，EI 检索时，作者姓和名必须全部写出，如用作者索引检索“单国荣”发表的论文，应写成“shan guorong”。

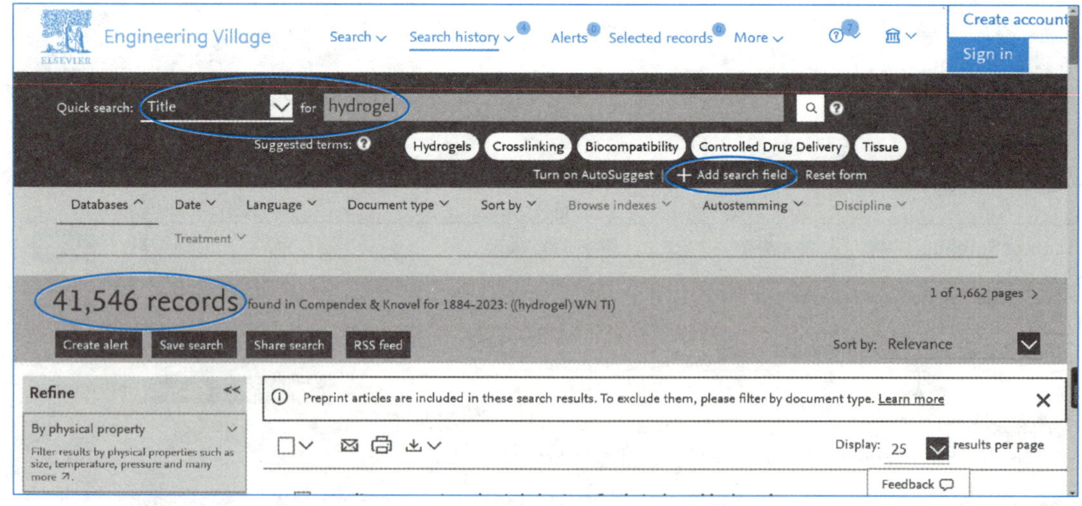

(a)

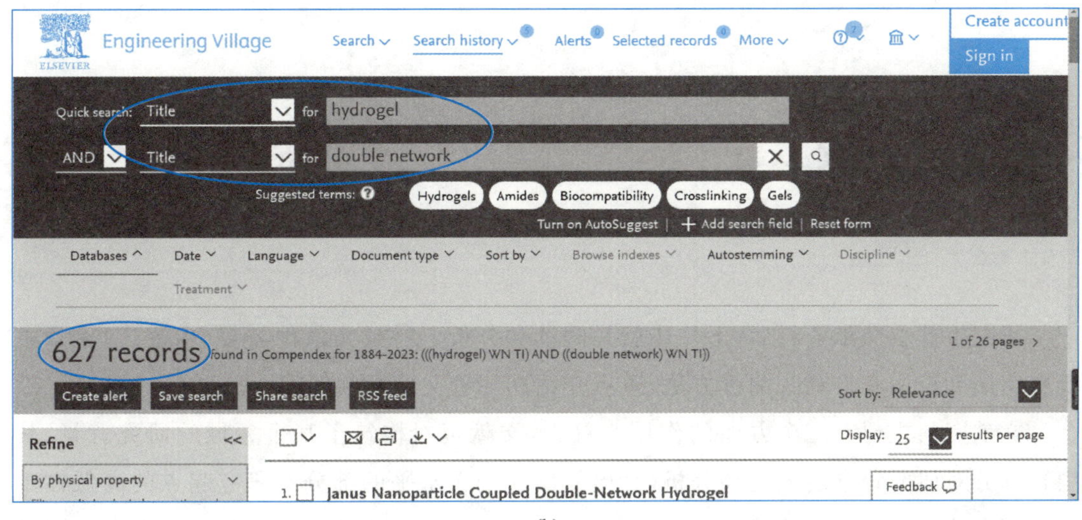

(b)

图 2.26 EI 数据库 2 个题目检索词检索结果比较

除了上述提到的几种常用数据库及索引工具外，专利数据库也是经常需要用到的重要数据库。目前世界上有多个专利数据库，如 SooPat 专利搜索、佰腾专利检索、欧洲专利数据库、美国专利数据库、德温特世界专利索引等。

第3章 科技文献阅读

研究生获取文献资料后，下一步就是阅读和分析。科技文献种类多、内容广，本章主要介绍期刊论文和专利的阅读方法，重点介绍期刊论文的批判性阅读。

文献资料主要有三个方面的作用。首先，文献资料构筑了某个领域的研究背景，其引言部分对研究背景的表述和分析，是最能反映论文水平的部分。研究起点的高低在于其对研究背景的把握和分析，研究生对相关文献资料的了解程度、把握水平和理解深度是决定课题研究水平高低的关键之一。其次，文献资料为科研工作奠定研究基础，能够帮助研究生对课题的研究内容、技术路线和研究方案在理论上是否成立，在实施上是否可行作出判断。最后，科技创新需要根基，而根基的重要组成部分就是文献资料，文献资料是科技创新的源头。因此，文献资料在理论上为研究工作奠定了基础，在实践上为研究工作创造了一定的实施条件。

阅读文献的主要目的是从文献中获得理论及实践的信息，提升自己的学术水平。具体包括：①丰富基础知识。期刊论文与专业书籍不同，其传播的知识常常是零散的，而一般专业书籍包含的知识具有一定的系统性。但期刊论文，特别是最新出版的期刊，常常传播最新的知识点。通过阅读某个领域的新近文献，追踪阅读历史文献，能为研究生在某个研究领域的科研工作打下全面、深刻、丰厚的基础，使初学者由入门提升到专业水平，进而可通观全局。②把握学术观点。通过广泛的阅读、分析和思考，可全面把握不同的学术观点，认识、归纳、总结不同学术观点形成的环境条件、适用范围、优点和不足等。③学习技术方法。一般文献，特别是外文期刊论文对实验方法部分通常表述详尽，故通过阅读文献可全面了解某个领域使用的主要研究方法和技术手段。④积累研究素材。学术观点、科学结论和理论认识都需以客观事实为基础，需要合理的素材作支撑。研究素材可以通过科学考察、科学实验分析得到，也可以通过文献资料获取。

对文献资料把握得好，常常能起到事半功倍的效果，而且可以避免重复性工作。特别是对研究生而言，在确定研究方向和具体课题后，应注意从各种参考文献中积累素材，为进一步的研究工作做准备。

3.1 期刊论文的阅读技巧

面对大量文献资料，研究生阅读时需遵循如下几个原则。

(1) 正确取舍文献资料

对于一篇具体的文献,阅读时应首先判断这篇文献对科研工作的参考价值。该文献能否提供详尽的研究背景、研究方法及新颖的结论?当面对大量文献资料时,通过这一简单判断作出取舍,进而为我所需、为我所用地展开阅读。

(2) 泛读与精读相结合

要使自己在专业领域打下深厚的知识基础、夯实理论根基,既需要广泛地阅读文献,了解各种知识点,把握研究动态,又需要深入地挖掘重要文献的学术思想,掌握研究方法,琢磨理论知识。这就要求研究生要对大量的文献展开泛读和精读。至于哪些文献应该泛读,哪些文献值得精读,需要研究生根据自己的理论基础及课题研究情况进行判断。通过文献泛读可以拓宽知识面,而精读则有利于深入思考和课题研究。后面的章节将详细介绍如何泛读和精读。

(3) 追踪阅读历史文献

阅读文献资料时,根据文献列出的参考文献查找相关文献,展开阅读,即为追踪阅读。这样不断深入追踪,即可找到某个研究领域的众多历史文献。结合历史文献阅读,可对某个领域的发展历程、存在的问题等有全面的认识和深入的了解。追踪阅读历史文献,不是简单地以认识某个领域的研究历史为目的,而是要深入了解相关理论知识、研究方法等的演化过程,把握科学研究的规律,从而明确研究方向。

(4) 笔记相伴阅读

阅读科技文献,特别是外文科技文献,不同于看小说。虽是"阅读",但其实是一个思考过程,因此在阅读的过程中应养成做笔记的习惯。其好处一是帮助加强记忆、熟悉文献,二是便于归纳总结和对比分析,三是给自己的论文写作提供帮助。

遵循以上原则,面对大量期刊论文,研究生应首先读哪些论文?如何读?阅读时做什么?作为入门者,一般先阅读综述性论文、母语科技论文和相对浅显的论文。特别是当研究生要了解一个全新领域时,更应先阅读母语撰写的综述性论文。通过阅读综述性论文,可以获得课题的研究历史、相关理论知识、研究方法、重要结果等。先阅读母语科技论文的好处是阅读速度快,易理解论文内容,能够较快掌握国内外研究现状,确定自己的研究方向。此外,也可以阅读相对浅显的介绍性文章。了解和掌握研究课题的基本知识、研究方向和内容后,再针对性地泛读和精读更为专业的期刊论文。

3.1.1 泛读

泛读是阅读文献的基础。当确定一个课题并查找了大量文献后,首先要进行泛读。泛读的目的是快速了解课题的基本情况,包括课题所在领域的大概情况,哪些人在做相关研究,大概做了些什么工作、用的什么方法、得出了什么结论。这些内容可以通过泛读论文的标题、作者、摘要等获知。

泛读时应注意及时做阅读笔记,其形式可以是卡片,也可以将文献打印出来,在留白处添加批注。注意总结、归纳、整理出自己课题文献综述的框架。不同人看问题的着重点不一样，同样的课题不同人的关注点也不同，因此不同人的文献综述框架和表述也会有差异。可以一边泛读，一边整理、归类、补充，供开题报告、实验、撰写科技期刊论文和学位论文时参考。为清楚起见，建议研究生列出泛读文献表。列表内容不要太细，只列出题目、第一作者、期刊信息、研究对象、主要实验条件和主要结论（表 3.1）即可。文献的题目和作者一目了然，在文章的最前部，而研究对象、主要实验条件和主要结论在摘要中均有体现，如图 3.1 所示。期刊论文摘要的第一句通常是文章的研究对象，主要实验条件在中部，摘要的最后一般是期刊论文的主要结论。所以，泛读仅阅读文献的首页即可。

表 3.1 泛读文献列表

编号	题目	第一作者	期刊信息	研究对象	主要实验条件	主要结论
1						
2						
3						
⋮						

第 53 卷第 2 期 2019 年 2 月 浙 江 大 学 学 报（工学版） Journal of Zhejiang University (Engineering Science) Vol.53 No.2 Feb. 2019

DOI: 10.3785/j.issn.1008-973X.2019.02.023

题目

低开关频率选择谐波消除调制的母线波动补偿

赵硕丰，黄晓艳，方攸同 作者

（浙江大学 电气工程学院，浙江 杭州 310027）

研究对象

摘 要：提出基于选择谐波消除脉宽调制（SHEPWM）的补偿策略，用于抑制由直流母线电压波动引起的列车牵引电机电流与转矩波动. 根据每一基波周期内的调制脉冲数确定同步处理区间，使用重复预测器对下一处理区间内的直流母线电压波形进行预测. 根据预测的母线电压波形与开关时刻估计下一处理区间内的磁链误差，并相应地调整开关时刻以消除磁链误差. 在 18 kW 永磁体内置式永磁同步电动机（IPMSM）上分别对采用完整的补偿策略、采用近似的处理区间内平均母线电压补偿策略与不采用任何补偿策略的情况进行实验. 结果表明提出补偿策略能显著降低由直流母线电压波动所引起的低次电流谐波和电机转矩波动，且相比近似的处理区间内平均母线电压补偿策略具有更好的电流与转矩波动抑制效果. 主要实验条件 主要结论

关键词：列车牵引；直流母线电压波动；选择谐波消除脉宽调制（SHEPWM）；重复预测器；永磁同步电机（PMSM）

中图分类号：TH 133 **文献标志码：**A **文章编号：**1008-973X(2019)02-0388-11

图 3.1 期刊论文泛读实例

在泛读的时间控制上，对中文或简单的外文文献，阅读 10 min 左右，列表 10 min 左右。对于稍复杂的外文文献、综述性论文和学位论文，阅读 30 min 左右，列表 30 min 左右。

泛读几十篇文献后，研究生对课题背景、整体研究现状就有了较全面的了解，接下来可以选择一些文献进行精读。在精读的过程中也需要穿插泛读，进一步理清课题研究思路。

3.1.2 精读

研究生通过精读可以了解论文的详细信息，如文献的综述和归纳、实验和研究过程以及结论。在精读过程中，常采用的方法有欣赏性阅读和批判性阅读。

欣赏性阅读适合专业知识不强的新手，抱着学习的态度阅读文献。在文献的引言部分，学习作者如何综述前人研究，又如何提出其假设；在研究方法部分，学习作者如何设计实验，检验假设，又如何排除无关变量和替代性解释；在讨论部分，学习作者如何提炼数据，分析与解释实验结果，又如何引申出未来方向。

批判性阅读是在阅读过程中持怀疑与挑刺（批判）的态度，不顺着作者的思路来，不被作者牵着鼻子走，不站在作者的角度来理解作者的逻辑，谨防自己被作者轻易地说服。在阅读文献过程中，自己要不断地提问题。例如根据作者的假设，自己会怎么设计实验？根据作者的方法，自己会怎么预测结果？根据作者的结果，自己会怎么解释数据？根据作者的讨论，自己还可以做些什么？同时，也要不断地回答自己提出的问题，与文献结果进行比较，从而深入理解文献，提出自己的新想法和新思路。

研究生学位论文须有一定的创新性，作为研究生必须学会批判性阅读，在批判性阅读的过程中提出自己对课题的新认识、新想法。

以《浙江大学学报（工学版）》发表的“低开关频率选择谐波消除调制的母线波动补偿”为例，来说明如何进行批判性阅读。首先建立批判性阅读清单（表 3.2），将论文划分成引言、方法、结果和讨论四个部分，对每个部分分别提出批判性问题。

表 3.2　批判性阅读清单

题目	
第一作者	
期刊信息	
引言	（1）作者的文献综述是否完整？ （2）作者的研究目的是什么？ （3）如果自己来设计实验，会怎么做？
方法	自变量：　　因变量：　　控制变量： （4）自己提出的方法优于作者吗？ （5）作者的方法确实检验了假设吗？ （6）使用作者所描述的原料、仪器及过程，自己对实验结果的预测是什么？
结果	（7）作者的结果出乎意料吗？ （8）自己如何解释这些结果？ （9）从自己对结果的解释，能得出什么应用和意义？ （10）自己能对这些结果给出另外的解释吗？
讨论	（11）谁的解释能更好地说明数据？ （12）对于结果的应用和意义的讨论，谁的更有说服力？ （13）还留下了哪些未能回答的问题？ （14）自己能做什么额外的研究？

1）引言

引言是文章正文的第一部分，在阅读该部分时，应提出三个问题。

问题（1）　作者的文献综述是否完整？

引言涉及研究背景，并对感兴趣的文献进行综述。若涉及多个理论，则引言需给出不同理论的相关工作。如图 3.2 所示，“综上所述，在母线电压波动存在以及电流控制带宽较低的条件下，使用纯软件的控制补偿方法抑制母线电压波动引起的谐波电流及转矩波动，是理想的解决方案”，对此，研究生应提出疑问：作者在选择这些文献时是不是有目的地引用？自己查阅相关文献后，作者的综述还缺什么？

之前的文献综述是否完整？

综上所述，在母线电压波动存在以及电流控制带宽较低的条件下，使用纯软件的控制补偿方法抑制母线电压波动引起的谐波电流及转矩波动，是理想的解决方案. Kim 等[8]提出利用电机自身储存的无功功率对母线电压波动进行补偿的方法，但此方法会使电机电流显著升高，效率降低，同时对电流控制闭环带宽也有很高要求，不适用于大功率牵引. Salam 等[9-13]提出一系列前馈占空比补偿方法，根据母线电压波形直接调节调制占空比以补偿电压波动的影响. Gou 等[14-15]提出前馈频率补偿方法，推出母线电压波动值与瞬时电压矢量频率的关系，从而根据母线电压波形调整输出矢量频率以抵消电压波动的影响. 以上方法均存在两方面困难：1）要直接得到下一执行周期内的母线电压波形，要求其波动分量相位与幅值都已知，这在实际运行中往往难以实现；2）对于 SHEPWM 方法，不存在直接的占空比，因此占空比补偿方法难以实施，并且 SHEPWM 的脉冲序列依据电压矢量相位输出，而频率补偿方法会引起电压矢量相位的抖动，可能导致脉冲输出次序出现混乱，方法难以实施.

研究方案

对于第 1 方面的困难，Ouyang 等[16]在特殊次数谐振控制器原理[17]基础上提出重复预测器，利用直流母线电压波动分量的周期性，对将来的母线电压波形进行预测. 本研究将重复预测器进行扩展，形成滑动预测窗口，从而能在任意时刻得到从该时刻开始的将来一段时间内的直流母线电压预测波形. 对于第 2 方面困难，本研究提出针对 SHEPWM 的补偿方法. 根据不同的脉冲数的角度分布特点，划分若干个相位固定的处理区间；根据区间编号确定区间内的各相开关形式，并结合预测的区间内直流母线电压波形计算出区间结束时累计的磁链误差；再次结合区间内预测的直流母线电压波形，调整各相开关时刻以补偿前一步中推测出的磁链误差. 实验结果证明，提出的补偿方法在各种脉冲模式 SHEPWM 下都能够显著降低直流母线电压波动所引起的电机电流与转矩波动.

研究目标、要解决的问题　　根据运行大数据，能否直接补偿？

图 3.2　精读期刊论文引言部分的实例

问题（2）　作者的研究目的是什么？

引言部分会直接给出论文的研究目的，如图 3.2 所示，“以上方法均存在两方面困难：1）……；2）……”表明其研究目标以及要解决的问题。

问题（3）　如果自己来设计实验，会怎么做？

引言的最后，作者通常会针对研究目的，提出相应的研究方案，这是一篇论文的核心。建议研究生在阅读完研究目的后，先不要看研究方案，而是稍作停顿，试着自己设计实验，解决上述问题。许多实验都是作者在系统研究的背景下做出的，以检验和支持其提出的某个特定理论框架。如果作者善于辞令，研究生一旦读完研究方案部分，就很可能会认同作者在文中所使用的方法。作者往往会在引言中播下答案的种子，让研究生很难独立地设计出方案。如图 3.2 所示，针对两个要解决的问题，作者分别提出“将重复预测器进行扩展，形成滑动预测窗口，从而能在任意时刻得到从该时刻开始的将来一段时间内的直流母线电压预测波形”和“针对 SHEPWM 的补偿方法”。在阅读作者研究方案之前，研究生可以提出自己的想法（可能是错误的、幼稚的），例如“能否根据运行大数据直接补偿”，并查找相关文献。

2）方法

研究方法通常在论文的第二部分，但现在也有一些期刊放在论文的最后。阅读该部分内容时，研究生应首先分辨自变量、因变量和控制变量。如图 3.3 所示，自变量是时间，因变量是电压，控制变量是频率等。然后分辨作者是否在固定控制变量的情况下，讨论自变量和因变量之间的关系，并将变量列出来。

一篇期刊论文中可能涉及很多研究方法，需要一一进行批判性阅读，这可帮助研究生免于被动阅读。通过对比自己和作者的方法，提升自己分析和解决问题的能力。以上述期刊论文实验方法中“重复预测器的有效性”的验证方法为例（图 3.3），思考下面三个问题。

所提方法校验

> 重复预测器的有效性通过如图 7 所示的 MATLAB SIMULINK 仿真波形验证. 电压由二极管整流产生. 图中, u_{dc} 为直流母线电压, 灰色粗线代表实际母线电压 u_{dc}, 虚线代表预测器最前端预测值 $u_{dc\text{-}pf}$, 黑色细线代表延迟串末端对应当前时刻的预测值 $u_{dc\text{-}p}$, 黑色细线与灰色粗线高度重合, 表明对电压波形的预测具有高度准确性.

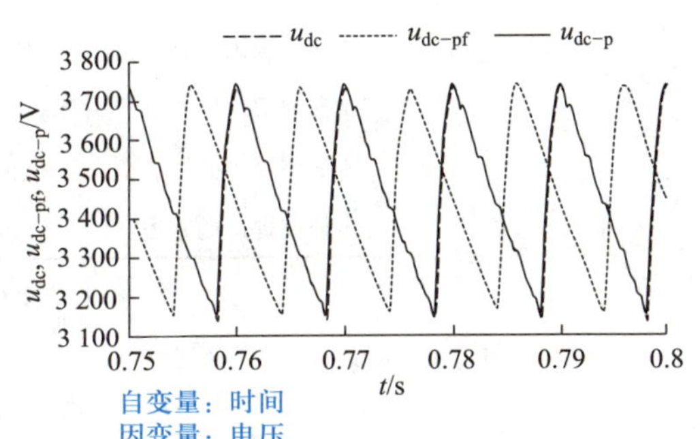

图 3.3 精读期刊论文方法部分的实例

问题（4） 自己提出的方法优于作者吗？

作者提出“重复预测器的有效性通过如图 7 所示的 MATLAB SIMULINK 仿真波形验证”，研究生可以提出能否用其他办法来验证其有效性。无论何种方法更优，这种比较能让研究生批判性地思考研究方法部分，而不是被动地接受它。

问题（5） 作者的方法确实检验了假设吗？

作者提出“重复预测器的有效性通过如图 7 所示的 MATLAB SIMULINK 仿真波形验证”，研究生可以提出“仿真能代表真实的吗”等问题。若作者的方法出错了，需随时核对其方法是否合适，与假设是否相关。

问题（6） 使用作者所描述的原料、仪器及过程，自己对实验结果的预测是什么？

在阅读结果部分之前，研究生必须独立地回答这个问题。画一个粗略的草图来展示自己所预测的最可能的结果。

3）结果

同样，在阅读该部分之前，也可先根据作者提出的研究方案对结果进行预测，然后将自己的预测和作者的结果进行比较。如果不同，回答问题（7）；如果相同，回答问题（8）～

(10)。

以上述期刊论文中“补偿方法对振动速度和振动加速度的影响”结果为例(图 3.4),思考下面四个问题。

补偿方法对振动速度和振动加速度的影响

补偿使用情况	SHEPWM 模式	v_v/(mm·s^{-1})	a_v/(mm·s^{-2})
无补偿	7APQ	13.7	29.2
无补偿	5APQ	13.9	27.5
无补偿	3APQ	13.2	25.8
无补偿	1APQ	16.9	51.5
直接平均法	7APQ	11.1	19.5
直接平均法	5APQ	11.3	19.9
直接平均法	3APQ	12.7	21.7
直接平均法	1APQ	15.1	32.9
本研究提出的方法	7APQ	5.9	10.7
本研究提出的方法	5APQ	8.7	15.7
本研究提出的方法	3APQ	7.4	14.6
本研究提出的方法	1APQ	7.6	13.2

不是平均值的直接补偿?

图 3.4 精读期刊论文结果部分的实例(每 1/4 周期内关键角度个数分别为 7、5、3、1,对应每基波周期内 15、11、7、3 个脉冲)

问题(7) 作者的结果出乎意料吗?

论文将无补偿、直接平均法和作者提出的方法对电压振动速度和振动加速度的影响进行比较,得到作者提出的方法对电压振动速度和振动加速度的影响最小的结论。研究生自己可提出“这种影响是否随脉冲线性变化”的问题,从实验结果看似乎不是;也可以提出“非平均值的直接补偿是否也可以”“是否脉冲越多越好”等问题。要么自己的预测是错误的,要么作者的结果难以置信。也许作者所用的方法不当,不能充分检验假设或者引入了不可控的变量;也许重复实验无法再次得到这些结果。甚至可以自己做实验,看是否能复制其报道的结果。

问题(8) 自己如何解释这些结果?

在阅读讨论部分前,研究生若认可“影响随脉冲非线性变化”,那么应该如何从专业的角度解释此结果?并且可以进一步提出“脉冲是否有一个最合适的值,使影响最小”等问题。

问题(9) 从自己对结果的解释,能得出什么应用和意义?

在阅读讨论部分前,研究生可以衍生提出“通过脉冲个数优化,实现电压最小振动速度或振动加速度”等应用和意义。

问题(10) 自己能对这些结果给出另外的解释吗?

即便数据与预测相符,出现这样的结果也可能不止一种原因,研究生应该对这些结果尽可能多地从各个方面给出原因。

4) 讨论

讨论部分包括作者以结论的形式对数据所作的解释,一个好的讨论应逐一回应引言部分抛出的问题。此外,通过对实验结果提出有见地的应用和意义,可进一步拓展结论。

作为一名批判性阅读者,此时已经建构了自己对结果的解释。回答问题(11)和(12)有助于批判性地评价自己与作者对结果的解释。回答问题(13)和(14)有助于自己批判性地思考未来可能的研究方向。

问题(11) 谁的解释能更好地说明数据?

由于允许作者在讨论部分比论文其他部分拥有更大的发挥空间,因此研究生可能会发现作者给出的结论并非全部基于数据。还有一些情况下,作者给出的结论大部分是合适的,而在引申讨论时超出了数据所能支持的范围。后者常常发生在作者没有意识到因变量具有局限性的情况下。

问题(12) 对于结果的应用和意义的讨论,谁的更有说服力?

通过思考这个问题可以帮助研究生更全面了解该项研究,从而得到更有价值的见地,以及思考研究背后的理论和依据。

问题(13) 还留下了哪些未能回答的问题?

对于上述期刊论文,研究生还可以衍生提出"能实现零振动吗""如何实现零振动脉冲点和波形""7APQ是否最好""直接非平均补偿是否也能达到此效果"等问题。没有一篇文献能回答所有的问题。研究生可能对这篇论文留下了若干问题,也可能被作者忽视的某些特殊的数据点所困扰。

问题(14) 自己能做什么额外的研究?

对于上述期刊论文,研究生还可以做"变脉冲、变波形,找出更小振动速度"等研究工作。如果觉得对于作者的研究结果仍然存在一些可替代性解释,或者想回答自己在问题(3)中留下的问题,可以返回到问题(3)"如果自己来设计实验,会怎么做?"

再次强调,泛读与精读并不是时间先与后的关系,二者可相互穿插。泛读几十篇文献,对课题背景、整体研究现状有了全面了解后,可以开始进行精读;同时精读过程中也可穿插泛读,进一步理清课题研究思路。

3.2 专利文献阅读

查阅到专利文献后,一般先泛读,先阅读专利摘要的文字内容和附图,判断是否感兴趣或者是否有必要进一步仔细阅读。

一般来说,权利要求书是较为抽象的概括性语言,直接阅读权利要求书,很难较快地理解技术内容。建议阅读完摘要后，再确定是否精读。若需精读，可先看说明书的背景技术，了解这件专利想要解决什么问题，有什么改进之处，采用什么手段，得到什么效果。然后跳到具体实施方式部分，对照附图阅读具体的技术内容。具体实施方式部分对解决背景技术中技术问题的原因、细节及优点等都有描述，可以很快上手和理解。最后，再阅读权利要求书，对主张保护的内容和范围进行研究，看看是否还有可以突破的地方。

第4章 科技论文基础知识

科技论文在情报学中又称原始论文或一次文献，是研究生在科学实验的基础上，对自然科学、工程技术科学研究领域中的现象或问题进行科学分析、综合研究、总结创新，并按照不同要求进行电子或书面表达。

作为科研成果的科技论文可以在专业刊物上发表，也可在学术会议或科技论坛上报告、交流，并力争通过技术开发使研究成果转化为生产力。科技论文的主要功能是记录、总结科研成果，促进科研工作的完成和转化，是科学研究的重要手段，也是研究生交流学术思想和科研成果的工具。

4.1 科技论文定义

科技论文是作者对所从事的研究进行集假设、实验过程、数据和结论于一体的概括性论述，包括科学技术报告、学位论文和学术期刊论文。

科学技术报告是描述一项科学技术研究的结果和进展或一项技术试验和评价的结果，或是论述某项科学技术问题的现状和发展的文件，又称研究报告、报告文献。按内容可分为报告书、论文、通报、札记、技术译文、备忘录、特种出版物等。科学技术报告大多与政府的研究活动、国防及尖端科技领域有关，应发表及时，课题专深，内容新颖、成熟，数据完整，且注重报道进行中的科研工作。

学位论文是表明从事的科学技术研究取得了创造性结果或有了新的见解，并以此为内容撰写而成，作为提出申请授予学位评审时用的学术论文。学位论文是作者为获得某种学位而撰写的研究报告或科学论文，分为学士学位论文、硕士学位论文、博士学位论文三个级别，一般不在刊物上公开发表，只能通过学位授予单位、指定收藏单位和私人途径获得。“中国知网”可查找国内博士、硕士学位论文全文；《国际学位论文文摘》可检索获得国外学位论文文摘。学位论文应有一定的文字量，硕士学位论文讨论部分文字一般在4.5万字以上(从引言到结论至少60页)，博士学位论文讨论部分文字一般在7万字以上(从引言到结论至少90页)。

学位论文除了学术学位论文外，还有专业学位论文。专业学位硕(博)士生入学、课程学习及完成学位论文的场所与学术学位硕(博)士生不同，故专业学位硕(博)士学位对学位论文的要求也有一定差异，具体表现在：①专业学位论文研究课题应结合企业、研究院或设计院的发展需求，可以是新产品试制、现有工艺改进或优化，也可以是过程模拟计算或设计、新设备的工艺及机械设计等；②专业学位论文也应具有创新性，但创新点应着重于工程、实际应用，且这种应用在论文中应明确表达，或是已直接见效，或是将在不久之后见效；③专业学位论文对理论部分的要求可低于学术学位论文的，但要求在理论分析或有关讨论中能正确使用相关理论；④若专业学位论文涉及企业保密内容，关键配方、材料等可以使用代号，但尽可能少用；⑤专业学位论文的真实性及可靠性不能降低。

学术期刊论文是某一学术研究课题在实验性、理论性或观察性上具有新研究成果或创新见解和知识的记录，或是某种已知原理应用于实际取得新进展的总结性书面文件。

4.2 科技论文分类

科技论文主要包括 5 类：理论研究型、实验验证型、计算设计型、发现发明型、综合论述型。

理论研究型论文主要研究基础理论学科和应用技术学科类命题，也涉及重要工程方案和重大实验技术的原理性论证。理论研究型论文必须具备准确性、逻辑性和严密性，充分揭示事物或事件的内在事理与理性规律。

实验验证型论文以科技领域中的某个专题为研究对象，以科学实验为基本手段完成预期的验证目标。实验验证型论文需严谨阐述科学实验的理论依据、实验方案、实验系统和实验流程，通过数据处理和分析验证，获得明确的实验结论。大多数科技论文均属实验验证型论文。

计算设计型论文主要针对特定的科技命题，寻求数学、物理方程的数值计算方法；或进行计算程序设计、系统优化和模拟仿真计算。计算设计型专业学位论文还必须有工程数据验证，此类工程数据可以来自现场采集或企业应用等。若确实无法获得工程数据，也可从文献资料中获取，但必须标注相关参考文献。计算设计结果必须与工程数据进行对比，并指出计算设计结果对工程应用的指导和预测效果。

发现发明型论文应记述被发现事物或事件的背景、现象、本质、特征及其基本规律和应用前景，发明应阐述项目的原理、性能、特点和使用条件等。

综合论述型论文是在综合分析与某一个科技命题有关的、已发布的文献资料和已取得的科研成果基础上，阐述该命题的科技内涵和发展趋势，提出符合逻辑的、具有启迪作用的看法与建议。

4.3 科技论文特点

科技论文具有科学性、创新性、学术性、文学性、规范性、实用性、有效性等特点。

科学性是指论文的内容必须客观、真实，定性和定量准确，不允许丝毫虚假，要经得起他人的重复和实践检验；论文的表达形式也要具有科学性，论述应清楚明白，逻辑性强，不能模棱两可，语言要准确、规范。如“……原因可能是……”的表述方式就不合适，科技论文论述必须清楚明白，一般不使用“可能”“大概”等模棱两可的词语。

创新性是指科技论文必须是作者本人研究的，并是在科学理论、方法或实践上获得的新进展或突破，应体现与前人不同的新思维、新方法、新成果。没有创新性，就体现不出科技的进步。科技论文的创新性首先在于科学或技术问题的提出和分析。

学术性是科技论文的主要特征，以学术成果为表述对象，以学术见解为论文核心，在科学实验（或试验）的前提下阐述学术成果和学术见解，揭示事物发展、变化的客观规律，探索科技领域中的客观真理。

文学性是指科技论文框架结构合理、词精句顺、言简意赅、深入浅出、层次清楚、通俗易懂。

规范性是指科技论文应按照一定的写作规则撰写。具体规则将在第 5 章和第 6 章详细描述。

实用性是指科技论文的价值主要体现在科技创新性和实用性。将该技术或方法应用于实际工作中，解决了实际问题，并且与已有方法相比，效果更佳。

有效性是指科技论文所描述的内容真实有效。科学的性质之一是可重复性，科技论文同样也要体现这一点。读者采用论文所述技术或方法应能得到同样的结果，这要求科技论文必须清楚地表述技术或方法的实现途径或步骤，技术方法需具有可操作性和有效性。

4.4 科技论文结构

早在 20 世纪 50 年代，英国皇家学会就率先制定了科技论文写作的一般要求，其后又做了多次修改，这为实现科技论文写作规范化奠定了基础。统一规范的科技论文写作格式有助于科研成果在世界范围内的同行之间进行交流和探讨，促进科学工作的进展，因此，科学、客观、规范的科技论文写作是科技工作者所必须遵守的。目前，普遍流行的规范化科技论文写作模式是 IMRD 模式。这种模式始于近代实验科学兴起之际，建立在科学研究的观察可重现原则之上。IMRD 模式首先界定研究所关心的问题（introduction），再介绍研究问题的方法（method），然后陈述研究的发现（result）以及发现的意义（discussion）。

根据 IMRD 模式，科技论文文本结构由题名、作者和单位、摘要、关键词、引言、材料与方法、结果、讨论、结论、附录、参考文献等部分组成。其中题名、作者和单位、摘要、关键词组成科技论文前部；引言、材料与方法、结果、讨论、结论组成科技论文中部，也称正文部分；附录、参考文献组成科技论文后部。每个部分的要求将在第 6 章详细介绍。

4.5　科技论文写作要求

科技论文的写作要求如下：

科技论文的内容要有创新性，论文内容要有新理论、新思想、新工艺、新方法，科技论文的论点是作者首先提出、发现，或者有新的认识。研究生既应清楚学位论文的撰写目的，更应明确撰写期刊科技论文的目的是告诉同行发现了新东西或出现了新认知。

科技论文写作时要精选材料，搭建论文的框架结构，即写作提纲。严禁无提纲撰写科技论文，若写到哪里是哪里，往往造成引言和文献综述比例偏高（超过正文部分或科技论文中部的 25%），头重脚轻。

科技论文写作时内容要布局合理、逻辑严密、层次清晰。研究生学位论文的结果与讨论部分往往由几章构成，几章的内容或串联或并联，相互之间必须要有联系，分层次、有条理地分析和讨论研究结果，几章之间联系的主线就是学位论文的题目。

科技论文写作力求简洁，用最少的文字、最短的篇幅精确地表达科研成果和工作量。研究生撰写论文时要求文字简练、流畅，避免空泛的描述，如“取得了飞速发展”“某些场合”等都是空泛、无用的描述。

研究生撰写科技论文时要使用规范、统一的学术或专业用语。

研究生撰写完科技论文初稿后，必须反复修改、推敲，可以平心静气地轻声诵读论文初稿，换气之处即为加标点符号处，拗口之处常常是病句。同时注意逻辑、歧义、错别字、前后文统一等。总之，不修不改不成稿。

第5章 科技论文写作过程中的一般问题

科技论文的种类很多。对研究生而言，要获得相应的学位，必须提交与之相对应的学位论文；研究生在进行科研工作的同时，与同行进行学术交流，还需要撰写期刊学术论文。因此本章主要介绍研究生学位论文和期刊学术论文写作过程中应注意的一般问题。

5.1 科技论文写作的特点

科技论文写作具有真实性、科学性、创新性、理论性、可靠性、应用性、外延性、规范性、逻辑性、可读性和简洁性等特点。

(1) 真实性

科技论文的真实性是指科技论文的取材是否真实可靠，实验结果是否忠于事实，有无弄虚作假、夸大或缩小、失实等现象。

科技论文的真实性体现在：①科技论文所反映的内容是真实的，是作者在科技活动的探索和实践中所取得的研究结果，既不是凭空虚构，也不是对他人成果的剽窃。在科技写作中，剽窃他人成果的行为，不仅不道德，而且是一种对科学极不负责的态度，这与科技论文的真实性完全相悖。②科学研究的数据与结果是真实的，是科研过程的真实记录。科学研究中的弄虚作假有以下几种表现：选择对自己有利的数据和资料，删去不利的部分，以支持自己的观点；修改实验数据，以保证实验结果的完美性；伪造数据和结果，以达到支持某一结论的目的。③科学研究结论的真实性。科学研究结论不真实，主要由以下原因引起：提供的原始资料不真实、实验结果有误以及研究方法不正确等导致结论的不真实；对已取得的实验数据和结果作错误分析和解释，而得出不真实的结论。④选取资料的真实性。辨别资料的真伪需注意以下几点：明确资料的来源，即要选择有根据、有出处的资料。一般来说，原始资料、提供资料的人亲身经历得来的资料、信誉高的期刊提供的资料都较为真实可靠。从多方面收集资料，这样可以从不同来源的资料中发现问题，用自己的知识判断资料的真实性。到客观实践中去验证某些资料的真实性，也可以把调查的某些结果请相关专家审阅，根据他们的意见和反映验证资料的真实性。

强调科技论文的真实性是十分重要的。科学是老老实实的学问，来不得半点虚假，每一位科技工作者都应本着实事求是的态度，对科学负责的精神，客观地反映自己的科研成果，以保证科技论文的真实性。

(2) 科学性

科技论文的科学性是指科技论文的内容不违背科学规律，而且科技论文的表述和结构符合科学要求。科学性是科技论文的生命，它不仅指所描述的内容是涉及科学和技术领域的命题，而且更重要的是指论述的内容具有科学可信性。因此，科技论文的科学性有两方面含义：内容科学和表达科学。

内容科学是指科技论文的内容是科学研究的成果，是客观存在的自然现象及其规律的反映，其观点、论据、方法等均要受到实践的检验。科技论文的论据应真实充分，方法要准确可靠，以使观点正确无误。内容的科学性主要体现在：整个研究和写作过程中都应以实事求是的态度对待一切问题，踏踏实实，精益求精；根据足够的、可靠的实验数据或观察的现象，以最充分的、确凿有力的论据作为立论的依据，不可草率马虎，武断轻言；根据论文中所介绍的实验方法、实验条件、实验设备、实验数据，他人重复实验时应能得到与作者相同的结果，也就是说科技论文中的数据要经得起复核验证。

表达科学是指科技论文的科学性还表现为表达形式的科学性。要求科技论文结构清晰、严谨，符合思维的一般规律，逻辑缜密。这方面常犯的错误有：概念模糊、判断不准确，表述模棱两可、含糊其词；不使用标准化的科学术语，自己臆造术语，语言表达随意轻率；写作时不遵守语法或采用易产生歧义的、一词多义的词语。

(3) 创新性

科技论文的创新性可以是原始创新、集成或组合创新、引进消化吸收再创新等。创新是科学研究的灵魂，没有创新就没有科学。科技论文的创新性在于作者要有自己独到的见解，能提出新的观点、新的理论。科技论文必须有所发现、有所发明、有所创造、有所进步，而不是对前人工作的复述、模仿或解释。没有创新，科技论文就没有科学价值。这要求作者在观察事物、思考问题、分析现象时，以“求异”的眼光发现他人未涉及过的问题，或在综合他人认知的基础上进行创新。

(4) 理论性

科技论文的理论性是指论文作者思维的理论性、论文结论的理论性和论文表达的论证性。

思维的理论性，即研究者对研究对象的思考，不是停留在零散的感性上，而是运用概念、判断、分析、归纳、推理等思辨的方法，深刻认识研究对象的本质和规律，经过高度概括和升华，使之成为理论。

结论的理论性，即科技论文的结论应该建立在充分的事实归纳上，通过理性思维，高度概括其本质和规律，使之升华为理论。

表达的论证性，必须对结论展开逻辑缜密的论证，以达到无懈可击、不容置疑的说服力。从内容上看，科技论文具有明显的专业性，运用系统的专业知识论证或解决专业性很强的学术问题。从语言表达上看，科技论文主要利用专业术语和专业性图表、符号进行叙述和分析。

(5) 可靠性

科技论文的可靠性是指论文内容可以再现,误差在合理范围内。要保证实验数据的可靠,获得真实正确的数据,首先需要进行周密细致的实验设计,实验方法科学、合理,并能清除实验中存在的误差等。要获得可靠的实验数据,在数据收集时需遵循随机、对照、重复和双盲的原则,并运用合理的统计学方法处理数据。

当利用实验数据进行方程组求解时,应关注其是否属于病态方程组,避免因实验微小误差导致计算结果出现误差成百上千倍地放大的情况。

(6) 应用性

科技论文的应用性是指科技论文的内容可以直接应用或在不久的将来应用,也可以是可能的应用。专业学位研究生的培养具有明显的应用性导向,重在加强研究生研究和解决实际问题的能力。因此,专业学位研究生论文必须具有应用性。

(7) 外延性

科技论文的外延性是指论文的内容和结论不但能解释已有事实和自己的实验结果,而且还能预测其他条件下的现象和数值,同时也能解释他人的实验现象。

(8) 规范性

科技论文的规范性是指论文表达流畅、交流顺畅。科技论文是研究成果的一种体现形式,论文被发表标志着其研究工作的水平为社会所公认,从而成为人们共享的精神财富。科技论文标准化、规范化的目的在于实现文献信息的交换和资源的共享,促进人类科学技术水平的提高,并将科研成果转化为生产力,推动经济建设的发展。为了便于交流、存储和提高使用效率,科技论文的文体格式、计量单位、数字用法、插图表格、数学公式、参考文献等,都必须符合国家有关标准与规范的规定。科技论文的撰写要按照 GB/T 7713.2—2022《学术论文编写规则》、GB/T 15835—2011《出版物上数字用法》、CAJ-CD B/T 1-2006《中国学术期刊(光盘版)检索与评价数据规范》等标准的要求,做到格式规范、文字表达准确,并正确使用物理量和单位,正确设计插图和表格,注意数字用法及公式的编排等。

(9) 逻辑性

科技论文的逻辑性是指科技论文在科学研究的基础上,运用逻辑思维和综合分析的方法,通过推理来论证自身观点的正确性。对于新的发现和发明,经过推理分析,反复深化,形成既具有深厚实践基础又具有一定理论高度的系统化、专门化的知识。切忌材料的简单罗列、数据的自然堆砌,杜绝出现无中生有的结论。撰写科技论文需掌握大量材料,并对其进行分析、判断、推理,找到事物的内在联系或规律,形成逻辑体系和文章论点。科技论文必须做到脉络清晰、结构严谨、推理严密、运算无误、分析透彻、判断准确。

(10) 可读性

科技论文的可读性是指科技论文的文字通顺、层次分明、论据严谨、图表清晰,名词术语、数字、符号等的使用符合规范化要求，能让特定的读者群读懂。科技论文要论述复杂的自然现象，揭示事物的本质和规律，存储和传播科学技术的最新研究成果，其目的就是要别人看，使人易懂，这样才能让他人了解和认可论文的创新性成果。语言是科技论文可读性的重要因素。在普通写作学中，对语言的要求是准确、鲜明、生动；在科技论文的写作中，除了上述要求外还要求精确和单一，以防产生歧义。

(11) 简洁性

科技论文的简洁性是指用最少的语言表达最多的意思。写作时要言简意赅，在不损害原意、不产生歧义的情况下，尽量压缩文字，减少篇幅，提高语言的表达效果，避免语句的重复。

5.2 科技论文写作的起点

科技论文不是科普论文，研究生学位论文或科技期刊论文的读者一般是具有一定专业基础的科技工作者，因此科技论文中不应出现本专业教科书中已讲述的基本理论和内容。例如，甲醇和苯的结构式、温度升高蒸气压将快速上升、库仑定律、雷诺数随流速增加而增加、电压等于电流乘电阻等内容不应作为讨论内容出现在科技论文中。

此外，本专业教科书也不应出现在论文的参考文献中。例如，《无机化学》《化工原理》《机械制造》《弹性力学》《高等土力学》《电力电子电路》《车辆及发动机》等教材一般不作为科技论文的参考文献。教科书中讲解过的许多方程或计算方法可不标注文献，例如，气体状态方程、活度系数组成关系式、弹性力学计算式等可直接出现在科技论文中，无须标注文献。

如果是跨专业或交叉学科的课题，在研究生学位论文写作中，文献综述部分应介绍超越本专业范围的基础理论和相关内容。例如，化学工程专业的学生从事有关生物发酵或制药的课题，则应在文献综述部分介绍生物发酵的发酵理论、方法或制药工艺等方面的基础知识；土木工程专业的学生课题研究中涉及水溶性高分子、上下水 PPR(无规共聚聚丙烯)管等高分子材料内容时，也应在文献综述中简要介绍水溶性高分子减水原理、PPR 管力学性能等超越本专业范围的内容。

5.3 科技论文常用标题与层次结构

科技论文标题的要求将在第 6 章中详细介绍。不管是学位论文还是期刊论文，标题不仅要高度概括研究内容(言简意赅、逻辑性强的短语)，而且要分层次设置，具有一定的层次结构，反映论文各章节(或各内容)之间的逻辑关系。不同层次分标题之间要求有明确的关系，是层次的并列或是上下层次的统领。研究生学位论文标题层次不宜过多，一般不超过 4 级。标题与分标题之间的编排需遵循一定的规则，目前使用的编排法有传统编排法、国际标准编排法和混合编排法。

5.3.1 传统编排法

传统编排法采用汉字作为章节，例如“第一章　引言”，为第1级占行标题，居中。章后为节，节以大写汉字加顿号，例如“一、”“二、”“三、”等开始，空1个字符间距后接标题，为第2级占行标题，居左。第3级占行标题题号用大写汉字及全角括号组成，例如“(一)”“(二)”“(三)”等，空1个字符间距后接标题。第4级占行标题题号以阿拉伯数字后加点组成，例如“1.”“2.”“3.”等，空1个字符间距后接标题。此后，若再设下级标题，均为不占行标题，可以“(1)”“1)”或“①”等类符号编排，均空1个字符间距后接标题，标题后空4个字符间距(2个全角字符)后接排正文。第2、3、4级标题均左顶格起排，不占行标题左缩进2个全角字符。传统编排法标题的格式见图5.1(图中方框为版心，下同)。

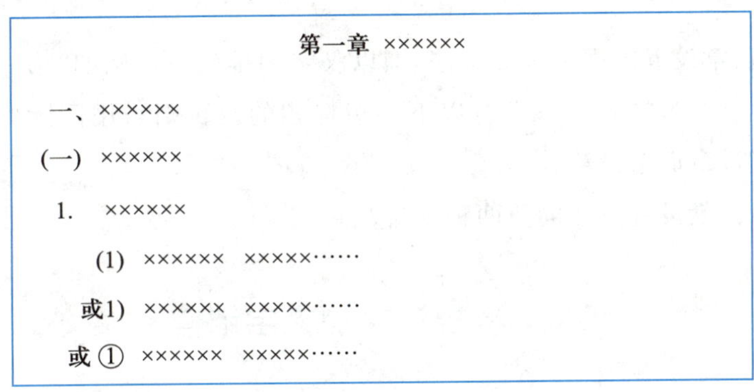

图5.1　传统编排法标题的格式

标题编排时，绪言(或绪论)与章同层次，放在章前，内容较多时可单独编为一章。附录与参考文献放在末章后，与章同层次。如果参考文献放在每章后，则与节同层次。

5.3.2 国际标准编排法

国际标准编排法采用阿拉伯数字作为章节的标号。第1级占行标题阿拉伯数字后空1格，然后是标题内容，例如“0　引言”。若引言内容较多可编为“1　引言”，此后章序号递加1。章后为节，节号以阿拉伯数字加点组成。第2级占行标题题号以2个阿拉伯数字及1个点组成，空1个字符间距后接标题，例如“1.1　××××××”。第3级占行标题题号由三个数字及两个点组成，例如“1.1.1　××××××”。第4级占行标题题号以阿拉伯数字加全角右括号组成，例如“1)”“2)”“3)”等，直接加标题。对于研究生学位论文，一般只到4级标题，且4级标题不出现在目录中。所有1、2、3、4级标题左顶格起排。研究生学位论文编排标题格式(国际标准编排法)见图5.2。

附录与参考文献放在末章后，与章同层次。如果参考文献放在每章后，则与节同层次。建议将研究生学位论文参考文献放在最后一章之后，并全文统一编排参考文献序

1 ××××××

1.1 ××××××

1.1.1 ××××××

1) ××××××

××××××（正文）

图 5.2 研究生学位论文编排标题格式（国际标准编排法）

号，以体现简洁性特点。

5.3.3 混合编排法

有的论文篇、章设置采用传统编排法，即以汉字编排篇、章，例如“第一篇 ××××××”“第一章 ××××××”；而章以下多级标题的设置则采用国际标准编排法。大部分科技论文只设章而不设篇。

附录与参考文献设置方法同前两种编排法。

5.4 科技论文的文字结构

研究生学位论文的文字按照 1986 年 10 月国家语言文字工作委员会发布的《简化字总表》及 1988 年 3 月国家语言文字工作委员会发布的《现代汉语通用字表》进行撰写，不使用繁体字，如“阅读”不能写成“閱讀”；不能使用被废除的简化字，如“建设”不能写成“廴设”，“白酒”不能写成“白氿”。

5.4.1 科技语言的基本要求

科技语言是科学认识主体用以描述、记录科学认识活动所获取的理论性成果的信息载体，也称科学语言、学术语言等。科技论文需用科技语言进行写作，学术观点需使用科技语言来表达，通过概念、原理和推论等语言逻辑结构反映自然规律。科技语言应具有逻辑化、客观性等特点。除此之外，科技语言还包含各种符号、数学公式及图表等。

科技语言不仅要有“专业性”（即有深度、新意，让读者有所获），还要有“通俗性”（把深奥的学术问题写清楚，让读者能看懂）。用规范的学术语言来撰写学术论文时，要尽量简洁、清晰、准确地表达思想观点，晦涩难懂不是学术文章追求的效果。为此，科技语言的基本要求有以下三个。

（1）语法正确

语法正确是科技语言最基本的要求和特征。句子要有主语和谓语，或者主语、谓语、宾语。例如,“通过对精馏塔塔顶和塔底采样,运用气相色谱分析技术,对试样进行了组成分析”,这个句子无主语,最好加上主语,改为“本研究通过对精馏塔塔顶和塔底采样,运用气相色谱分析技术,对试样进行了组成分析”。

语法正确还包括正确使用标点符号等其他多方面要求。例如,“A 国是一个自然资源丰富的国家,分布广、品种多”,这个句子写得太随意,第一句的主语与逗号后面句子的主语应不同,但形式上逗号后面的主语为“A 国”,这在逻辑上不通,因此,上述例句应改成“A 国是一个自然资源丰富的国家,其自然资源分布广、品种多”。

(2) 逻辑性强、条理清楚

科技论文最大的特点是具有很强的逻辑性,即陈述的事实、分析的问题、论证的理论原理、得到的科学结论等之间存在严密的逻辑关系。撰写科技论文是深层次的思维活动,应当做到层次清楚、结构紧凑、环环相扣、逻辑严密。

语言表达应注重逻辑关系。例如,前面一句是“(仪器)根本无法检测(样品)厚度”,后面接着一句“仪器可以检测毫米级厚度的样品,对于微米级厚度的样品则检测精度大大下降”,前后逻辑关系相矛盾。再如,“20 世纪 90 年代,很多学者对××进行了××研究(李×,1991;王××,2020)”,这里引证参考文献,出现了明显的时间逻辑错误。语言表达的句与句之间、段与段之间,不但应明确逻辑关系,还要条理清楚。例如在表述 A、B 两个物料混合过程中的物料浓度特征时,文章中一会儿“自上而下,物料 A 含量增高”,一会儿又“自下而上,物料 A 含量降低”或“自上而下,物料 B 含量增高”,这样的表述缺乏条理,让读者读起来很费劲,也不便于总结出规律性结果。

(3) 语句简洁、精练

科技论文的语言表达必须简单、明了,其实质是减少语句数量、提高语句的表达效果、避免语句的重复,这是进行科技信息传播与交流的重要保证。科技语言表达力主要体现在两个方面:语句精练、表达准确。语句精练要求在撰写科技论文时,重要内容不要重复叙述,提供数据时,要做到有表无图,或有图无表,避免重复。写作时要言简意赅,在不损害原意、不产生歧义的情况下,尽量压缩文字,减少篇幅。表达准确要求实事求是,与客观事物的实际情况相一致,因而科技论文对问题的阐述与分析必须选用最恰当的科学词语,准确地再现事物的状况和面貌,以明确表达作者的观点。

除上述三个基本要求外,具体写作时还应注意以下几点。

(1) 用事实说话,避免空洞表达

科技论文的最大特点就是摆事实、讲道理。一般自然科学的论文,由引言入题,随后是事实或现象的描述、分析和讨论,然后是结论。整个过程的逻辑关系以事实为基础,进行科学分析、论证,得到科学认识。在摘要、引言或结论部分,避免出现“指明了×××发展方向”“为×××奠定了基础”这类空话。

(2) 要表达事实,不用主观的讨论方式

在科技论文中,少用“我”“我们”“作者”“笔者”等作主语,例如,“我们建立了一套新型的恒温反应装置”应改成“本研究建立了一套新型的恒温反应装置”。

(3) 尊重读者，避免用训导式的口吻

科技论文的主要目的是阐述自己的学术观点，读者阅读科技论文是希望从中获得观点、见解和结果。因此，要尊重读者，陈述自己的研究结果和发现即可，避免用训导式的口吻。例如，“本研究最终必然超越×××等[××]的结果”可修改成“本研究结果优于×××等[××]”。

(4) 陈述事实，不动感情

科技论文采用陈述语气叙述客观事实，写作时不要加入感情色彩，更不要用幽默的口吻；使用形容词要恰当，不过分渲染；整篇论文不使用叹号。例如，“电流A和电流B短路后，产生了美丽的闪电！”一句中的形容词“美丽的”和叹号均不合适，可改成“电流A和电流B短路后，产生了闪电。”此外，科技论文中很少使用疑问或反问的句式，故也极少使用问号。

(5) 正确评价自己所取得的成果

作者在评价自己取得的成果时，不要由作者自己肯定，要客观、正确地评价，不用夸张的语言自我表扬。例如，不能使用“取得惊人的成果”“简直叫人难以置信”之类的语句。若要在文章中体现自己研究成果的优越性，可直接列出本文和参考文献的结果，让读者自行评价。例如，在描述一个新催化剂的使用效果时，“收率比×××等[××]的结果有了飞跃”就不建议使用，直接列出两者结果即可，可改写为“使用本催化剂收率可达88.2%，选择性为95.2%，而在×××等[××]的文献中，最高收率为85.1%，选择性为92.1%”，列出数据比较，让读者自己评判。

(6) 负面评价文献成果时要委婉

引用并评价参考文献时，如果是负面评价，口气要尽量委婉。例如，对文献提出的某一观点表达“……，我认为这是错误的……”语气过于强硬，易误导读者，可改成“……文献上的观点，理由尚不充分，因为……”或“……文献中的观点值得商榷，因为……”或“……文献中的理论分析难以解释本实验的结果”等。

(7) 多用短句、陈述句，少用复句、倒装句

科技论文不同于小说、散文等文艺作品。科技论文是对科学事实、材料信息等的描述和表达，是对科学分析的陈述、讨论和逻辑推理，是对科学结论、认知的总结和提升。这要求科技论文使用简单、明了的语言，尽量使用简单句、陈述句，方便读者阅读、理解。一般单个句子不宜太长，形容词、副词等修饰语不宜过多，摒除抒情描写和刻意渲染。

(8) 对比要明确

科技论文中为体现研究方法、理论或结果的创新性，常常与文献进行对比。进行对比时，相关描述一定要真实、明确，不能为了体现文章的创新性，忽略、掩盖或隐瞒其他文献的研究结果。例如，在描述论文研究方法的创新性时，认为“本方法在国内外少见”，该

描述不严谨，少见还是有的，既然有就应进行比较，并标注比较的参考文献。

(9) 过去的事实要有依据

科技论文中常引用过去几年甚至几十年的事实或一些统计数据，如国内外产量、已有的研究方法、达到的水平等，引用时要有定量数据，同时需注明文献出处。

(10) 多用书面语言

科技论文应严格采用规范的书面语，摒除口语化，避免使用歧义句、近义词。例如，“很可笑”“很好笑”“太神奇”“难以想象”“研究研究”“考虑考虑”等口语化的词语不能出现在科技论文中。

(11) 使用专业语言

每一个专业都有其专业语言，即“行话”。阅读参考文献时，应注意学习专业语言。写作时要使用专业语言，既体现专业性，又便于交流。科技论文中应大量使用概念明确、含义固定的专业术语，并全文一致。例如，前面使用“机械性能”，后面不能改用“力学性能”，前后应统一。

正确使用科技语言，是研究生重要的科研基本功，也是撰写科技论文最基本的要求。

5.4.2　科技语言的应用

科技语言是自然语言和人工语言（符号、公式、图表、照片等）有机结合的一种特殊语言，具有独特的语言风格。图、表的最大优点是直观和简练，有些科技内容，如果用自然语言来说明，即使用很多词语和句子，仍然说不清楚，不能获得令人满意的效果；而用图、表或照片，就能准确、鲜明地表现出来。科技论文中，还大量使用国际通用的科技符号。

要恰当使用专业术语，可以查阅相关专业书籍或词典获取专业术语。例如，《化学名词》《化学工程名词》《机械工程名词》《土木工程名词》等。随着科技的不断进步，专业术语不断更新和修改，其使用也越来越规范。特别是许多专业词汇的中文名称，近年来更加标准化、规范化。例如，“维他命”已改为“维生素”，“比重”已改为“相对密度”或“密度”。下面列出一些常用的化工、材料、机械、电气类专业名词的最新中文名称。

① “比重”在科技论文中已废除，改成无单位的相对密度 d_4^{20}、d_{20}^{20}，分别表示该物质在 20 ℃时的密度与 4 ℃或 20 ℃时水密度的比值；也可直接用密度 d^{20}、d^{25}，分别表示该物质在 20 ℃或 25 ℃时的密度，常用单位为 $g\cdot cm^{-3}$ 或 $kg\cdot m^{-3}$。

② “重量”是力，与物质的“质量”是完全不同的概念，在科技论文中“其重量是××克”是错误的，应改为“其质量是××g”。

③ “比热”现已改为“比热容（质量热容）”或“摩尔热容”，单位分别为 $J\cdot g^{-1}\cdot K^{-1}$ 或 $J\cdot mol^{-1}\cdot K^{-1}$。

④ “摩尔数”“克分子数”“克当量”这几个术语均已停用，改为“物质的量”，单位为 mol。

⑤ “折射率”“折光率”“折光指数”等统一为“折射率”。

⑥ 不能笼统地使用“B 的浓度”“B 的%”，应该用更明确的说法，B 的质量分数 w_B、B 的体积分数 φ_B、B 的摩尔分数 x_B、溶质 B 的摩尔浓度 c_B 等。

⑦ “黏度”不要写成“粘度”，黏度一般指动力黏度，单位为 Pa·s 或 mPa·s，而运动黏度的单位为 $mm^2 \cdot s^{-1}$，两种黏度最好都指明全称。

⑧ 与化学化工密切相关的 3 个英文 gas、vapor(vapour)、steam 所对应的中文词只有两个(气、汽)，一般 gas 和 vapor 译为“气”，如气体溶解、蒸气压、气流；steam 译为“汽”，如蒸汽加热。但是，也有例外，如在相平衡关系中为区别 gas-liquid equilibrium 和 vapor-liquid equilibrium，把前者译成“气液平衡”，后者译成“汽液平衡”；尊重习惯，如汽车、汽油。

⑨ “电工绝缘材料”“电绝缘材料”“绝缘材料”“电气绝缘材料”等统一为“电气绝缘材料”。

⑩ 材料的“马丁耐热”要写成“马丁温度”。

专业术语的使用要恰当，同一篇论文里对同一个概念只能用同一个术语，意义相近的术语不能相互替代使用，更不能用日常用语代替专业术语。使用表示数量的概念和数字要精确，尽可能少用或不用“可能”“大概”“差不多”“估计”“也许”等不确定的词语。

科技论文在语言表达上还必须做到规范、统一，且必须使用专业术语，尤其是术语、缩写、符号、计量单位等必须严格按照国家标准的规定使用。

5.5 图

图和表是科技论文表述的重要形式，准确规范的图和简明合理的表既可以使科技论文论述清楚、明白，又可以达到活跃、美化、节省版面的效果，提高读者的阅读兴趣。科技论文中常有一些难以用文字表达清楚的内容，可适当采用图和表进行表达。但要注意，能用简短语言文字叙述清楚的内容一般不用图或表来表示，不允许既用图又用表重复表达相同的结果和数据。

图和表应设计合理，具备独立性和自明性，并按在文中出现的先后顺序分别给出图(表)序和图(表)题。图(表)题应该简明、贴切，具有准确的说明性和特指性。对图的基本要求：内容真实，准确表达实验结果；定性表达时只要示意(如设备示意图不必严格按机械制图要求，流程示意图也是如此)；表达符合规范，按约定俗成的规则制图。

制作一幅图时，要保证它能比文字或表格更好地传递思想，即图必须简单清晰，能够明确地显示复杂数据(集)之间的关系，并突出可能难以用文字表述的趋势或模式。图的大小和样式要符合研究生学位论文、期刊论文的要求。

5.5.1 图的种类

图形可分为数据标绘图、示意图、照片和记录谱图等。数据标绘图是将所取得的实验数据绘制成图，以展示数据之间的趋势、关系或模式，通常是二维或三维图，主要形式有条形图（柱形图、直方图）、散点图、饼形图、线形图等，在图中绘制的单个值称为数据点，这些值由条形、圆环图的扇面、点或其他图形表示，相同颜色或形状的数据标记组成一个数据系列。示意图可大体上描述或表示物体的形状、相对大小、物体与物体之间的联系（关系），包括结构图、工艺流程图、框图等。照片一般是实物的照片，更加直观。下面就几种图形分别详述。

1）条形图

条形图是用宽度相同条形的高度或长短来表示数据大小的图形。条形图可以横置或纵置，纵置时也称为柱形图。此外，条形图有简单条形图、复式条形图等形式。当实验结果存在不连续性或以不同方式分割和比较时，条形图要优于线形图。条形图通常用于较小的数据集分析，如某产品产量变化、纯度变化、污染物分布等。条形图简单鲜明、醒目易懂、绘制简便。

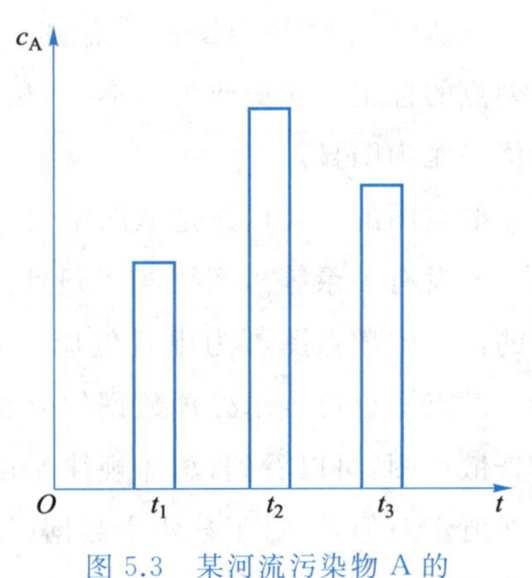

图 5.3　某河流污染物 A 的浓度与时间的关系

简单条形图（图 5.3）只有单组数据，分为垂直条形图和水平条形图。复式条形图通常以两种或两种以上颜色的长方形进行多个对象的统计，一般分为两种类型，簇状条形图（图 5.4）和堆积条形图（图 5.5）。簇状条形图可以比较各个类别的值，堆积条形图可以显示单个项目与整体之间的关系。条形图也可以制成三维形式。

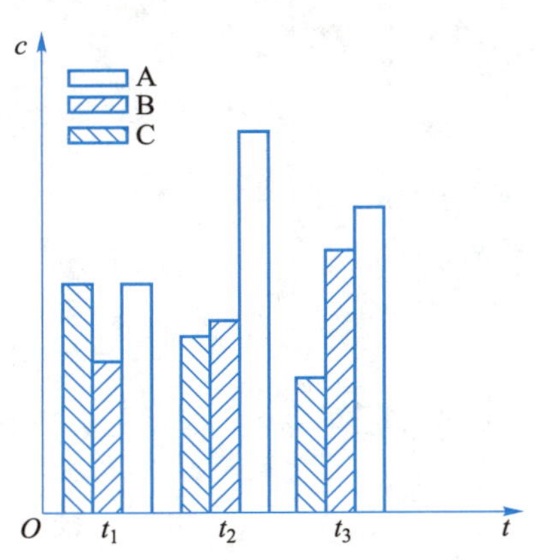

图 5.4　某河流 3 种污染物 A、B、C 的浓度与时间的关系

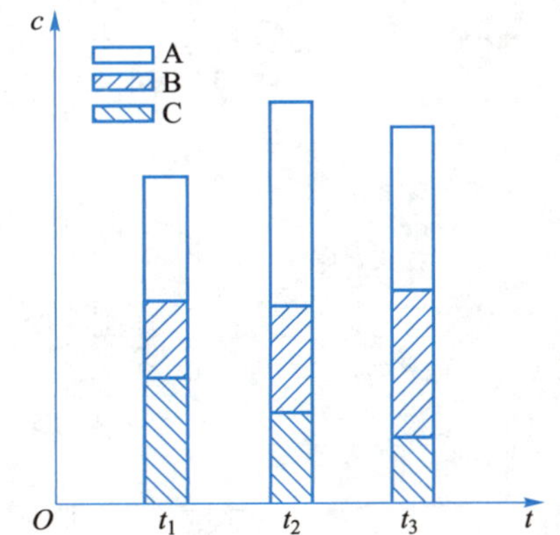

图 5.5　某河流 3 种污染物 A、B、C 浓度总和及分布与时间的关系

通过图 5.3、图 5.4、图 5.5 之间的比较，可以看出简单垂直条形图、簇状条形图和堆积条形图在表达信息及变化规律方面的差异。

绘制条形图时应注意：横轴为基线，表示各个类别，纵轴表示检测数值，标值从 0 开始;同一类型中两个亚组用不同符号或颜色表示,并用图例说明;各长方形宽度一致,各类型之间间隙相等;如条形图标记了误差范围,则需在图题中给出统计学解释。

2）散点图

散点图是用数据点表达相对大小和密集程度的图形。散点图表示因变量随自变量变化的大致趋势。通过散点可画出最佳拟合线,以确定变量之间的关联,并通过最佳拟合条件确定变量间的关联公式。

散点图的基本要素就是点,即统计的数据,由这些点的分布能观察出变量之间的关系。默认情况下,散点图以圆点显示数据点;如果在散点图中有多个序列,应考虑将不同序列点的标记形状更改为方形、三角形、菱形或其他形状。当存在大量数据点时,散点图的优势尤为明显。

散点图的主要用途是从图中发现变量之间隐藏的关系(如线性关系、指数关系、对数关系或没有关系等),经数据回归处理后,可对相关对象进行预测分析。例如,医学检测中的白细胞散点图可为患者健康提供精确的分析,为医生后续判断给出重要的技术支持。散点图也可表示处理数据的分布和离散程度。图 5.6 是物流收货天数与客户满意度调查散点图,可以看到,总体规律是随着收货天数的增加,客户满意度越来越低(如图中虚线所示);但是,对于某两个数据(如有的人 6 天收货客户满意度为 5,而有的人 3 天收货客户满意度却只有 3.5)的比较则可能不符合总体变化规律。

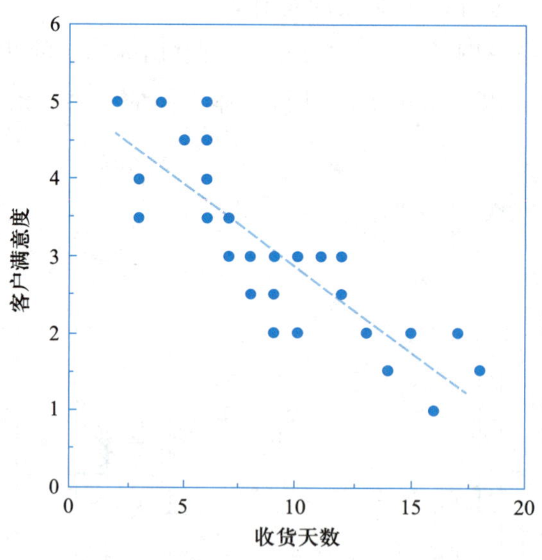

图 5.6 物流收货天数与客户满意度调查散点图

散点图有助于确定数据之间的关联关系,为此,可设计成二维或三维散点图。两个参数通常可绘制成二维散点图,由于变量少,有可能会漏掉一些重要的信息;三维散点图表示在由 3 个变量确定的三维空间中变量之间的关系,由于同时考虑了 3 个变量,常常可以展现二维图中表达不了的信息。

3）饼形图

饼形图又称圆饼图、圆形图等，是利用圆形及圆内扇形面积表示数值大小的图形。饼形图主要用于表示总体中各组成部分所占比例，即以圆形代表研究对象的整体，以圆心为共同顶点的各个不同扇形表示各组成部分在整体中的比例，须直接注明各扇形所代表的项目名称（或用图例表示）及其所占百分比。通常把最大的一部分放在顶部。但当多个数据点的数值都小于饼形图的 5%时，将难以区分各扇区的大小，建议用表表示。

饼形图可清楚地反映部分与部分、部分与整体之间的数量关系，易于显示每组数据相对于总数的大小，显示方式直观。饼形图主要用于表示产量、用途、成本等所占比例大小。图 5.7 为某产品各国家或地区产量所占百分数。

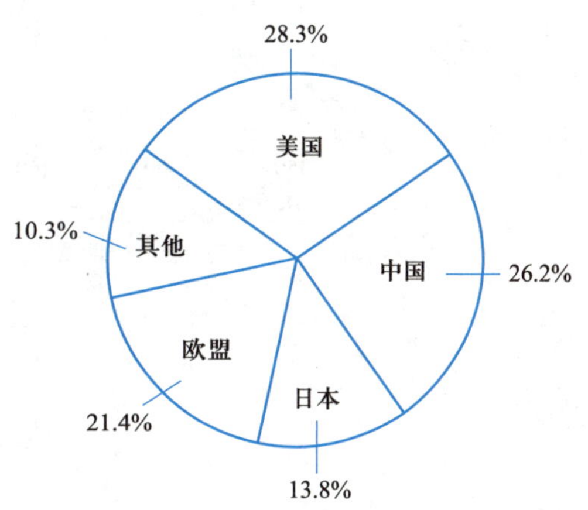

图 5.7　某产品各国家或地区产量所占百分数

在二维饼形图的基础上，为了显示每一数值相对于总数值的大小，同时又强调某个数值中包含的比例，又发展出分离型饼形图（分成两幅饼形图，其中一幅对另一幅中的某个数据进行第二层次说明）；为了显示每一数值相对于总数值的大小，同时又强调每一数值比例的变化趋势，还发展出三维饼形图（用一个个圆台的扇形圆环表示）。

4）线形图

线形图也称曲线图，是用自变量变化所对应的因变量数值起伏表示的图形，主要用于技术分析及数据比较，是研究生学位论文和科技期刊论文中最常用的一种图。x 轴通常代表数量、时间等自变量，y 轴代表一定意义的数量（因变量）。曲线可以反映 y 轴因变量随 x 轴自变量变化的趋势。例如，线形图可清楚地记录价格随时间的变化趋势，以点标示价格，连点成线，表示价格变动趋势。

制作线形图时，注意不要把图中的内容填充得太满，但也不能浪费空间。线形图中的折线或曲线数量应尽量少，当线条不可避免地交叉时，最好以不同的式样（实线、虚线、点划线等）或实线加数据点的式样（实线加空心或实心的圆、方形、三角、倒三角、菱形等）来区别每条曲线，显示曲线的走向。数据点之间可用直线连接，建议拟合为最近似的光滑曲线。

线形图的类型主要有折线图、光滑曲线图、单曲线图（图 5.8）、多曲线图（图 5.9）。

研究生学位论文中的线形图以多曲线图居多，图例可直接放在图中（图 5.9），也可放在图题中。

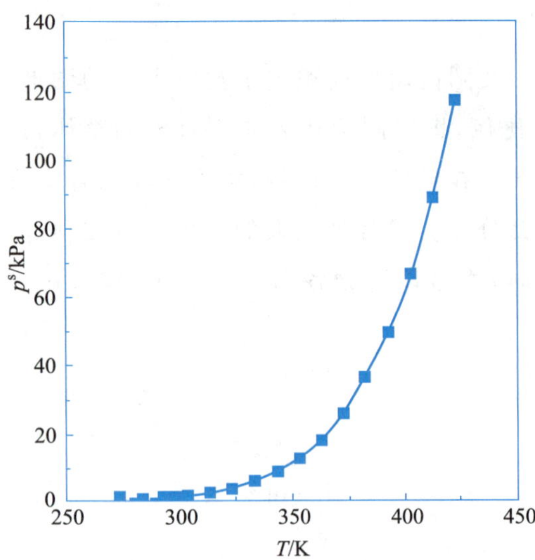

图 5.8 某物质饱和蒸气压随温度变化曲线

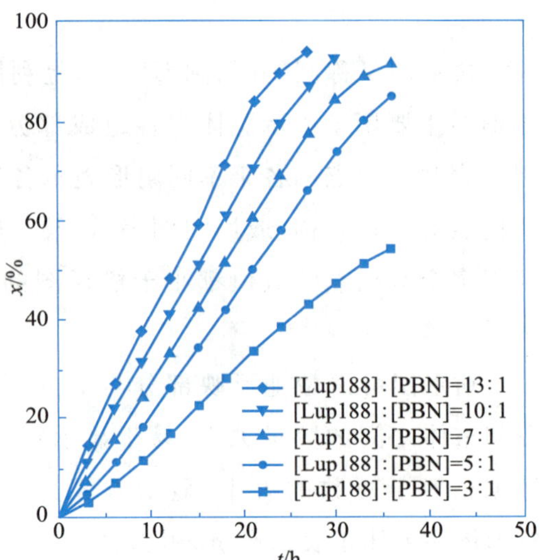

图 5.9 Lup188 引发剂浓度对氯乙烯质量转化率-时间曲线的影响

([VC]∶[PBN]=10 000∶1,T=50 ℃,VC 为氯乙烯,PBN 为 N-叔丁基-α-苯基硝酸酮,Lup188 为过氧化新癸酸 α-异丙苯酯)

5）示意图

示意图是大体上描述或表示物体的形状、相对大小、物体与物体之间联系(关系)的图。示意图的特点是简单明了,突出重点,忽略很多次要的细节。

示意图用来说明基本原理或解释文字材料,包括工艺流程图、装置图、试验设备图、框图等。示意图的优势是可以从不同寻常的视角,显示主要特征的具体细节而淡化其他分散读者注意力的部分。

工艺流程图是利用图表符号形式,表达产品经过工艺过程中的部分或全部阶段所完成的工作。工艺流程图包括总工艺流程图和物料平衡图、物料流程图、工艺管道及仪表流程图等。图 5.10 是合成氨生产工艺流程示意图,制图时注意不要遗漏图题上方的图注部分。

设备图是在设备制备过程中所依照的图样,常用的图样有设备总图、装配图、部件图、零件图、管口方位图、表格图及预焊件图等。作为施工设计文件的还有工程图、通用图、标准图等。

框图是用于描述物体或材料之间的相互作用和关系的示意图。框图制作的注意事项:使用的框不超过 10 个;用简短的功能性名称命名每个框,且名称与正文里的重要术语一致;保持示意图的整洁,只显示主要作用和相互作用;用箭头指示方向。

6）照片

照片可以是实验装置或生产设备的照相图、材料的微观结构图(X 射线照片、显微照片等)、工艺过程的高速摄影图、全息影像等。若从视频中裁剪表示变化过程的照片,建议选取开始、变化前、变化后、最终状态等阶段的照片,不一定等时间裁剪,但需注明时间。

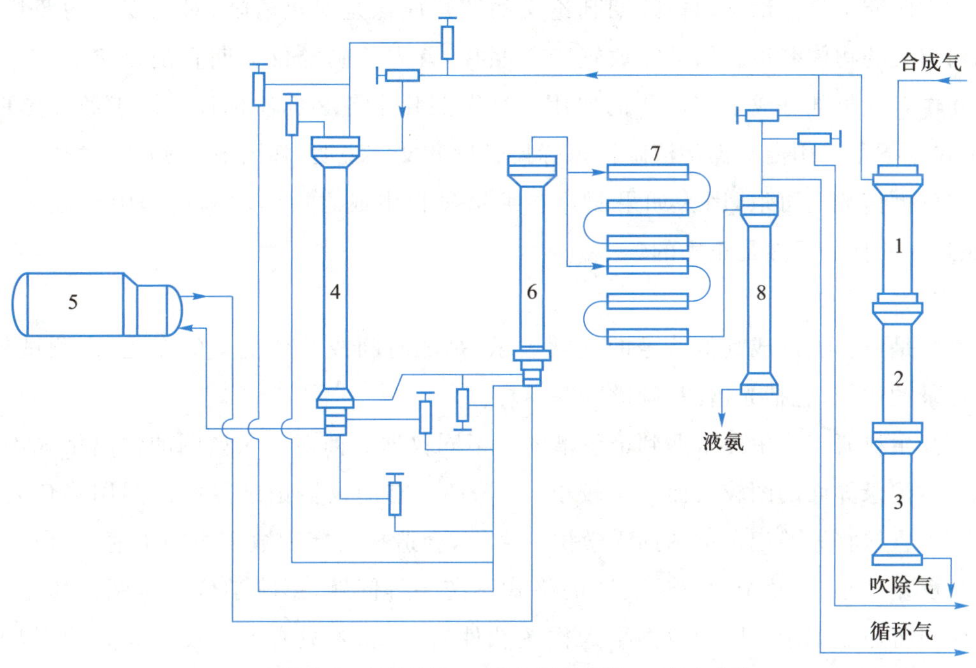

1—冷凝器；2—氨蒸发器；3—Ⅱ级氨分离器；4—氨合成塔；
5—废热锅炉；6—气-气换热器；7—合成气水冷却器；8—Ⅰ级氨分离器

图 5.10 合成氨生产工艺流程示意图

照片最大的优势是真实、直观。图 5.11 为某炼化厂催化裂化装置照片，从图中可以清晰地看出加热炉、提升管反应器、分馏塔等设备。图 5.12 为高抗冲聚苯乙烯锇酸染色后的透射电子显微镜照片，从图中可以直观地看出多重“海-岛”结构。为进一步说明这些特征，还可以在照片上标注正文中提到的位置、区域或简单说明文字等。

图 5.11 某炼化厂催化裂化装置照片

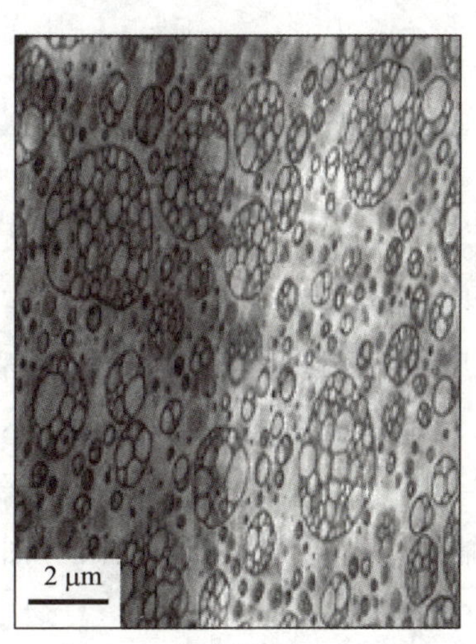

图 5.12 高抗冲聚苯乙烯锇酸染色后的透射电子显微镜照片

用于研究生学位论文和科技期刊论文的照片应该是对焦清晰、对比度高的照片，且要标明相关的物体名称。如果需放置彩色照片，首先要确定目标期刊是否接受，有些期刊需要作者支付部分或全部彩印的费用。显微照片中务必标注标尺。由于照片黑白相间，可在左下角采用白底黑字清晰标识标尺长度和文字说明，如图 5.12 所示，这比在图注中说明放大倍数更可取，因为如果照片在编辑过程中或之后的印刷过程中被放大或缩小，照片中的标尺仍然是正确的。

7）记录谱图

谱图是电、光、声或其他信号的视觉表示，是随时间或其他变量的变化，由测试仪器直接记录的曲线，包括光谱图、频谱图等。

研究生科研工作中经常遇到记录谱图。不同仪器厂商对记录谱图的输出格式不一，有的仪器记录界面的图较大而文字较小（图 5.13），有的仪器记录界面的图用彩色表示。若研究生直接将原始记录谱图插入学位论文中，会造成文字和数字模糊不清、空白太多、各线条反差太小、与整个学位论文图的格式不统一等问题，影响学位论文图的质量。研究生应当将原始记录谱图的数据导入作图软件后作图，若只有谱图没有原始数据，可以从记录谱图中量取数值，输入作图软件，按照研究生学位论文图的格式重新绘制记录谱图（图 5.14）。

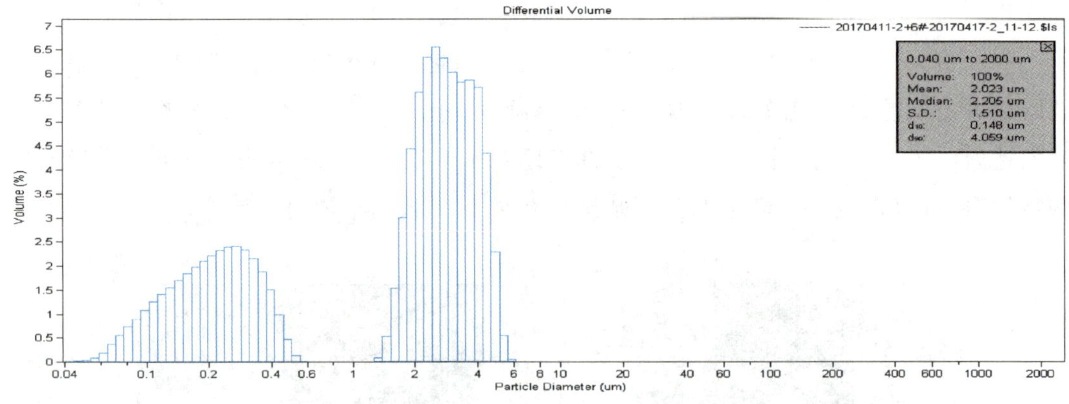

图 5.13　高抗冲聚苯乙烯中橡胶粒径分布图（原始记录谱图）

8）计算机输出图

计算机输出图是通过模型、软件或程序计算，将计算机处理的数字信息转换为图形输出的图。因输出设备的不同，会输出不同形式的图。研究生应按照学位论文图片的格式要求，将计算机处理的数字信息重新绘制。由于计算机处理的数字信息量较大，可采用格网等辅助方式绘制成三维立体图（图 5.15）。

9）功能框图

功能框图是按照功能的从属关系画成的图，图中的每一个框格都代表实际系统中的某个功能模块。功能模块可以根据具体情况进行划分，若需详细描述系统的结构功能关系，

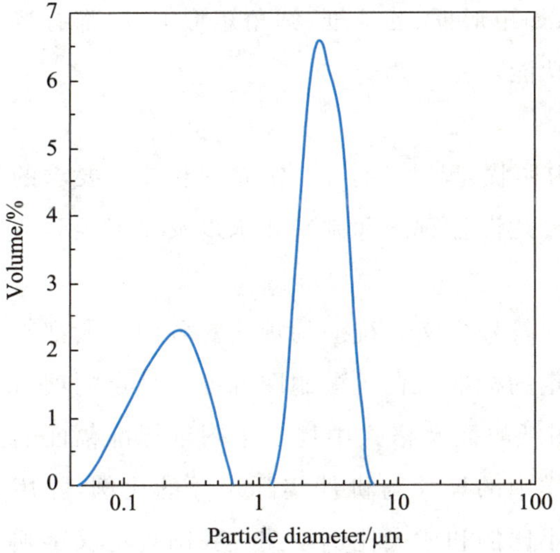

图 5.14 高抗冲聚苯乙烯中橡胶粒径分布图

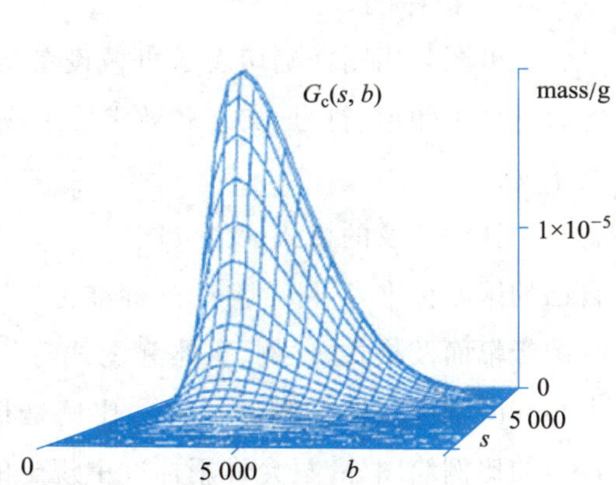

图 5.15 蒙特卡罗(Monte Carlo)法模拟计算高抗冲聚苯乙烯中共聚链段组成分布图

可将每个子功能框格划分得更为细致。功能框图广泛用于计算机程序设计(图 5.16)、工序流程的表述、设计方案的比较等方面,也是表示各电子器件的工作原理最方便的工具。功能框图简化了复杂的细节,能让人迅速了解其说明的功能原理,明确内部组织关系和逻辑关系。

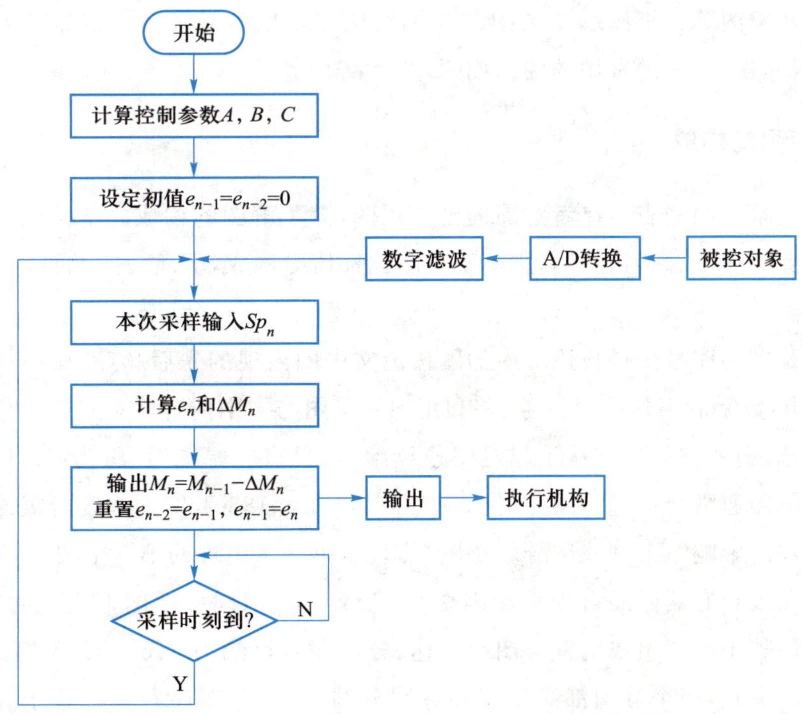

图 5.16 增量式 PID 算法功能框图

为了简化文字表述，功能框图中所用框格（如矩形框、菱形框、圆角矩形框等）都有特定的含义（分别相应地表示处理、判断、起止等功能）。

10）机械图

机械图是用图样确切表示机械设备的结构形状、尺寸大小、工作原理和技术要求的图。图样由图形、符号、文字和数字等组成，是表达设计意图和制造要求以及交流经验的技术文件。

图样中涉及的格式、文字、图线、图形简化和符号含义有统一的规格。各国一般都有自己的国家标准，国际上有国际标准化组织制定的标准。在机械制图标准中规定的项目有图纸幅面及格式、比例、字体和图线等。在图纸幅面及格式中规定了图纸标准幅面的大小和图纸中图框的相应尺寸。比例是指图样中的尺寸与机件实际尺寸的比例，除用1∶1的比例绘图外，只允许用标准中规定的缩小比例和放大比例绘图。我国规定汉字须按长仿宋体书写，字母和数字须按规定的结构书写。图线规定有九种规格，如用于绘制可见轮廓线的粗实线，用于绘制不可见轮廓线的虚线，用于绘制轴线和对称中心线的细点划线，用于绘制尺寸线和剖面线的细实线等。

机械图主要有零件图和装配图，此外还有布置图、机械示意图和机械轴测图等。零件图表达零件的形状、大小以及制造和检验零件的技术要求。装配图表达机械中所属各零件与部件间的装配关系和工作原理。布置图表达机械设备在厂房内的位置。机械示意图表达机械的工作原理，如表达机械传动原理的机构运动简图，表达液体或气体输送线路的管道示意图等。机械示意图中的各机械构件均用符号表示。机械轴测图是一种立体图，直观性强，是一种常用的辅助用图。

5.5.2 图的构成

为绘制一幅可明确表达作者意图的论文用图，需了解图的构成。学位论文及期刊论文中的图主要由图号、图名、图题、坐标轴、标目、标值等构成，下面一一说明。

1）图号

图号就是图的序号。科技论文中的图按论文中图出现的先后顺序，用阿拉伯数字从1起连续编排，数字后不加标点符号，并利用图号将图与文中内容联系起来。科技期刊论文一般不分章，用阿拉伯数字从1起对图连续编号，只有一幅图时，编为“图1”。研究生学位论文中的图通常分章进行编号，例如，“<u>图5.9</u>　Lup188引发剂浓度对氯乙烯质量转化率时间曲线的影响”，下划线部分就是图号，表示第5章出现的第9个图。

当多条曲线具有共同的自变量和因变量，但又不宜用同一个图形表达时，可采取共用一个图号的若干分图组成的复合图组表达，分图序号可编为a、b、c或A、B、C等（大写或小写全文统一）。每个分图都必须明确标明分图序号，分图序号一般置于分图中的左上角，并全文统一。在正文叙述时可撰写成“图5.9A”或“图5.9a”。复合图组的图题也必须区分出每一个分图，并用字母标出各自反映的信息。

2）图名

图名就是图的名称。图名置于图号之后，两者之间留一汉字空格或 2 个空格键。例如，“图 5.9　Lup188 引发剂浓度对氯乙烯质量转化率时间曲线的影响”，下划线部分即为图名。图名应简洁、准确地表达图的内容，一般用词组，不用句子和动词。因图名不是完整的句子，故图名末尾不加句号。避免用泛指性词语作为图名，例如，不宜用“曲线图”“数据变化图”作为图名，应在其之前加定语，改成“×××随×××变化曲线图”“×××数据变化图”。

3）图题

图号与图名合起来称为图题。例如，“图 5.9　Lup188 引发剂浓度对氯乙烯质量转化率时间曲线的影响”，下划线部分即为图题。在科技论文中，图题在图的下方居中编排，且必须与图编排在同一页面内。研究生学位论文必须使用中、英文对照的图题，英文图号可以用缩写“Fig.”表示，也可用全名“Figure”表示，全文统一即可。“Fig. 5.7”或“Figure 5.7”的英文与数字之间空 1 格，英文图号和图名之间空 2 格。英文图名也不使用完整的句子，最后也无句号。

4）坐标轴

坐标轴是指用来定义一个坐标系的一组直线或曲线。图的横坐标（x 轴）表示自变量，纵坐标（y 轴）表示因变量。图 5.6 的坐标轴有明确的标值，数值已经有趋向性，则 x 轴和 y 轴末端不必带箭头；而图 5.3 的坐标轴没有标值，则 x 轴和 y 轴末端必须设置箭头，表示数值增长的方向。

当自变量或因变量的变化范围很大，出现几个数量级时，横坐标和/或纵坐标可以采用对数坐标轴，绘制成双对数图或单对数图，图 5.14 为单对数图。当变量未出现多个数量级变化，需反映数值较小部分的变化，同时又要反映整体变化趋势，则可采用中间坐标轴断开的方式，如图 5.17 所示；或者采用图中图方式，将较小部分的变化单独放大显示，如图 5.18 所示。

当几条曲线存在相互交叠时，为了清晰地比较特定的信息，可将几条曲线依次叠放（图 5.17），也可将 y 轴旋转一定角度（甚至不用 y 轴），避开交叠部分，如图 5.19 所示。

当一幅图中需要同时说明 1 个自变量对 2 个因变量的影响，且 2 个因变量相差较大时，可以考虑采用双 y 轴图，但需在图中曲线旁用箭头标注对应的 y 轴，如图 5.20 所示。

当需用三维立体图表达时，可以增加 z 坐标，绘制三维图（图 5.15）。

研究生学位论文中，坐标轴的粗细应以在 7 cm×7 cm 图中清晰为准，一般在 Origin 作图软件中选择 2 pt 及以上（pt 为专用的印刷单位“点”，1 pt＝0.376 mm，下同）。研究生学位论文中的图可采用封闭（有上坐标轴和右坐标轴，但均没有标值和标目）和不封闭两种形式，但整本学位论文要统一，要么全部封闭，要么全部不封闭。

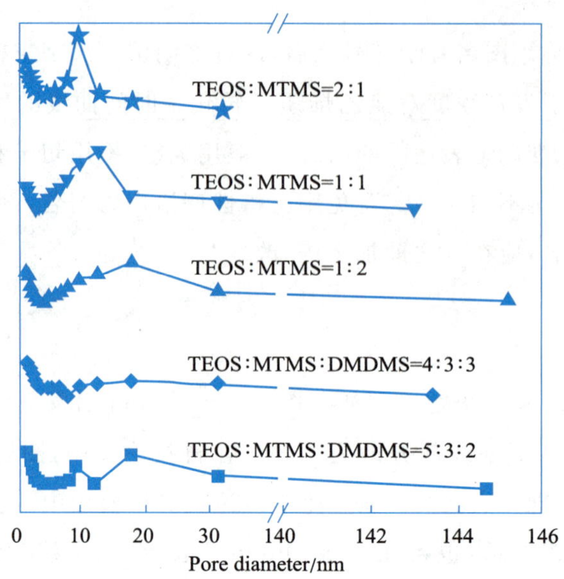

图 5.17　原料变化对制备 SiO_2 气凝胶孔径分布图的影响(中间坐标轴断开)

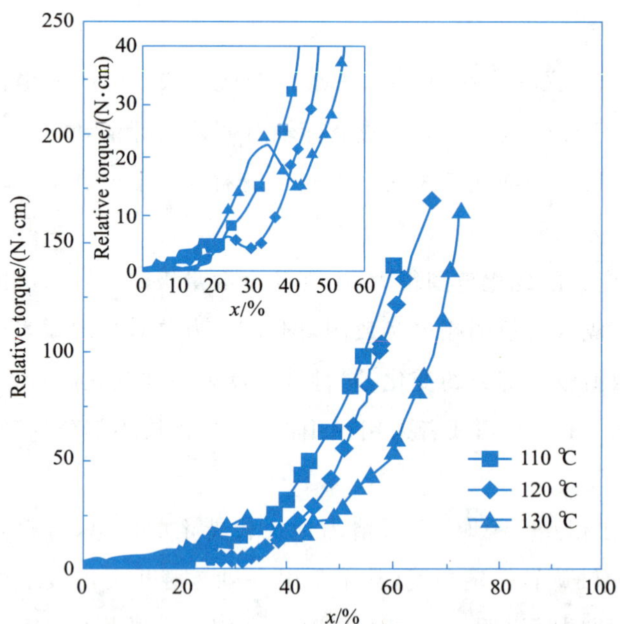

图 5.18　不同聚合温度下体系的相对扭矩随质量转化率变化曲线(图中图)

5）标目

标目是指坐标的名称,是说明坐标轴含义的符号,通常由两部分组成,即物理量名称或符号和相应的单位。

研究生学位论文中,标目的格式应符合下列要求。

① 若使用物理量符号,则符号应用斜体字母表示。尽量避免用中文或外文的文字段或缩写字母来替代符号。单位的符号应用正体字母标注。物理量符号和单位符号之间

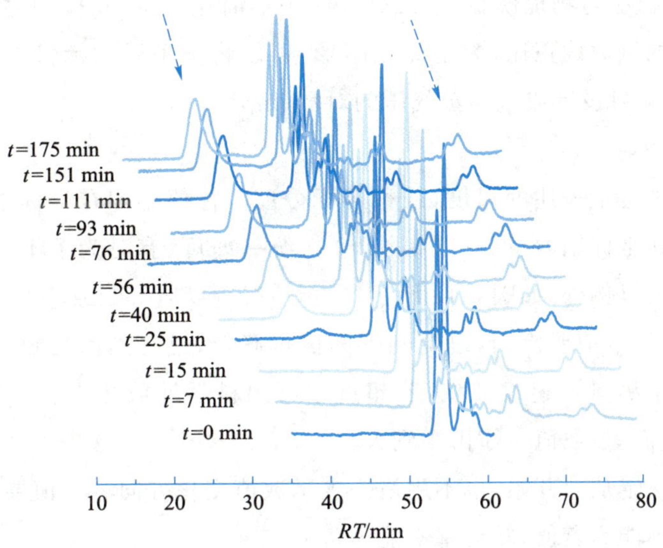

图 5.19 不同反应时间反应物的凝胶渗透色谱图(为了比较图中虚线箭头部分,y 坐标轴旋转 30°)

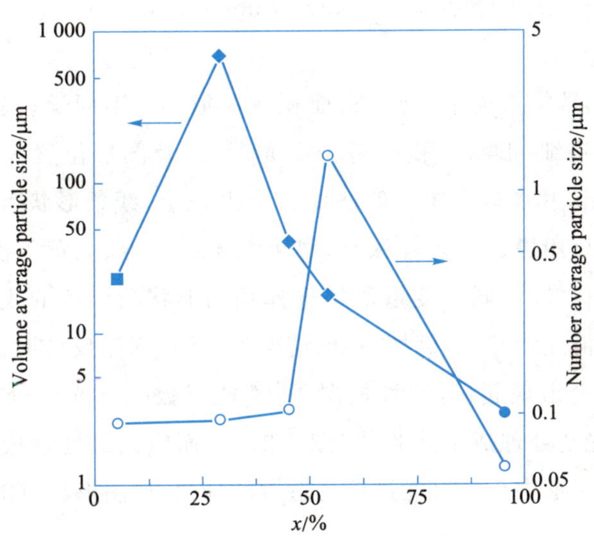

图 5.20 聚合过程中,乳液体均粒径和数均粒径随质量转化率的变化曲线(双 y 轴)

可用斜线“/”或逗号加空格“, ”隔开,或空格并将单位符号用半角括号“()”括起来,例如“T/K”或“T, K”或“T (K)”。研究生学位论文没有规定采用何种形式,但全文的横、纵坐标格式必须统一。

② 标目应与相应横、纵坐标轴平行,居中排在坐标轴与标值的外侧。

③ 研究生学位论文中,标目尺寸大小应以在 7 cm×7 cm 图中清晰为准,一般在Origin作图软件中选择 28 pt 及以上的 Times New Roman 字体。

④ 对于某些只有单位符号而无特定物理量符号的量,可用量名称及单位符号表示,例如,磨损量可以写成“Wear/mg”或“Wear, mg”或“Wear (mg)”,英文单词首字母可以大写,也可以小写,但整本学位论文需统一。

⑤ 标目的选择应与物理模型一致，尽量使图形简化。例如，模型显示物质饱和蒸气压的对数与温度的倒数成正比，为了简化图形，可以将横坐标的标目设置成温度的倒数($1/T$)，纵坐标的标目设置成饱和蒸气压的对数($\ln p^s$)。

6） 标值

标值是坐标轴定量表述的尺度，或称坐标分度。标值排印在坐标轴外侧，紧靠标值线。标值线可以朝坐标轴内，也可以朝外，全文统一即可(有时为了不影响图内曲线，极个别图的标值线可以例外，如图 5.15 所示)。标值线刻度应等距或具有一定规律性(如对数尺度)。标值标注数值要恰当，过疏则中间值难确定，过密则前后数字相连或重叠，辨识不清。标值数字尽量不超过 3 位，若超过则可用科学计数法表示。横轴标值从左至右，纵轴标值自下而上，数值一律由小到大。

标值数字不一定从 0 开始，也不用箭头表示数值变化方向。标值要符合标目的物理意义，例如，时间不能为负值，转化率不能为负值。

研究生学位论文中，标值尺寸大小应以在 7 cm×7 cm 图中清晰为准，一般在 Origin 作图软件中选择 24 pt 及以上的 Times New Roman 字体。

7） 图形

图形是指图中由数据点连成的线条、面积或柱形等。不同学科、图种有不同的标准及画法，要注意线条粗细、形状、颜色、是否需光滑，以及图形位置等。研究生学位论文中，线条粗细在 Origin 作图软件中一般选择 2 pt 及以上；线条形状可以是实线、虚线、点划线等；线条颜色应该用黑、红、蓝等深色，尽可能不用浅绿、亮黄等浅色，避免复印后无法看清；前后几幅图比较时，同一变量最好选择相同形状和颜色的线条表示。线条一般需要光滑处理，但不能违背常识，例如，一般情况下，转化率随反应时间延长而增加，最后由于实验误差，数值会出现起伏，这种情况下，不能将数据点光滑处理成起伏震荡曲线(图 5.21a)，更不能光滑处理成下降趋势(图 5.21b)，而应光滑处理成水平线(图 5.21c)。此外，图形一般处于图框中央。可通过设置适宜的标值，使图形尽可能处于图框中央。

8） 数据点

数据点是指图中数据值所对应的坐标点。不同学科、图种有不同的标准及画法，要注意数据点大小、形状、颜色等。研究生学位论文中，数据点大小在 Origin 作图软件中选择 9 pt 及以上；数据点可以选择圆、正方形、长方形、三角、倒三角、菱形等实心或空心形状；数据点颜色应该用黑、红、蓝等深色，尽可能不用浅绿、亮黄等浅色，避免复印后无法看清；前后几幅图比较时，同一变量最好选择相同形状和颜色的数据点表示。

同一坐标点有多组重复数据点时，应在该数据点上按照统计规律绘制误差棒。有时实验数据点较少，无法连成线条，则可用离散点表示。

9） 图例

图例是对图形内容的说明，包括符号和少量文字说明，如对不同曲线的条件进行说明。图例要求直观、简明，文字不宜过多。如果文字较多，可用符号或数字表示后，再在

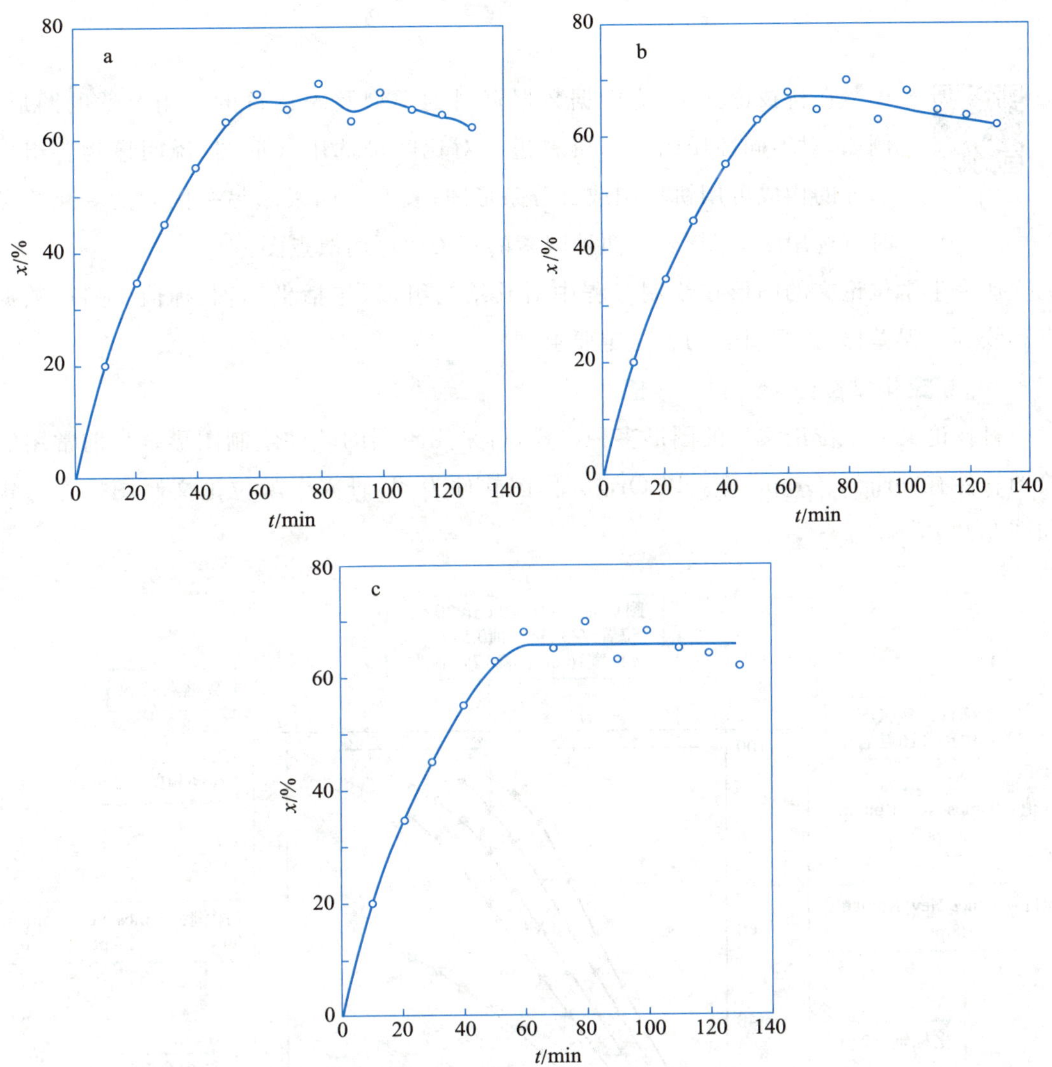

图 5.21　图形线条光滑处理示范(a、b 为错误示例,c 为正确示例)

图题下加以注明(图注)。

研究生学位论文中,图例大小在 Origin 作图软件中选择 24 pt 及以上的 Times New Roman 字体。图例中若出现数据点符号或曲线,则形状和颜色应与相应的数据点符号或曲线一致,并与图中数据点或曲线上下位置一致,以便于阅读。

10) 图注

图注是图例及一些说明文字的通称。图注置于图题的下方,并置于半角括号内。图注应简洁、清晰,不应配置繁杂冗长的说明。

研究生学位论文中,图注中尽可能使用物理量符号;图注若需用文字说明,则须用英文撰写;图注若是句子,则使用英文标点符号。

国内外不同科技期刊对图的各个要素都有各自的规定,研究生撰写完科技期刊论文后,可参考所投期刊投稿指南或模板进行修改后再投稿。

5.5.3 图的制作

教学视频

在科技论文中，应根据数据资料的类型及表达目的选用合适的图形。例如，对不同性质的分组资料进行对比时可选用条形图；说明事物各组成部分的构成可用饼形图或百分条形图；表明一因素随另一因素的变化情况时可选用线形图；表达两种因素的相关性可用散点图。

研究生学位论文的图形在绘制过程中对其结构组成（包括坐标轴、标值、标目、数据点和线等）、误差棒、正文引述均有一定要求。

1）研究生学位论文制图推荐格式

科技论文或学位论文中的图形多种多样，可采用不同的软件绘制图形。目前常用的绘图软件有 Origin、Graph 等。以 Origin 作图软件为例，研究生学位论文制图推荐格式如图 5.22 所示。

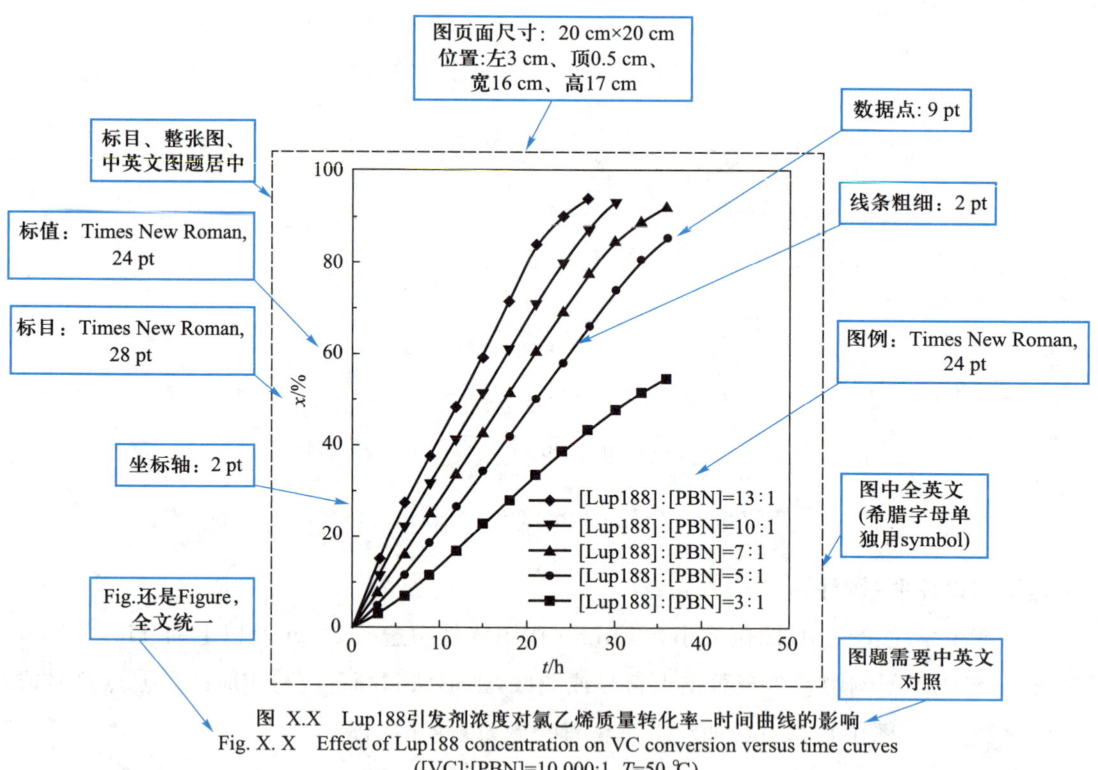

图 5.22 研究生学位论文制图推荐格式

2）实验值、拟合值、理论值的表达

科技论文中曲线图是使用最多的一种图形。实验结果一般都是离散的点，需用数学方法或模型对其进行处理，以表达其规律性。

在对实验数据进行处理前，首先需考虑实验获得数据的合理性。例如，图 5.23 是未经合理化处理的实验数据。由于实验误差，在诱导期出现转化率为负值的现象，曲线光滑处理后，反而无法得到确切的诱导期；此时，应该将负转化率一律清零，再进行曲线光滑处理，诱导期才会明显，见图 5.24。

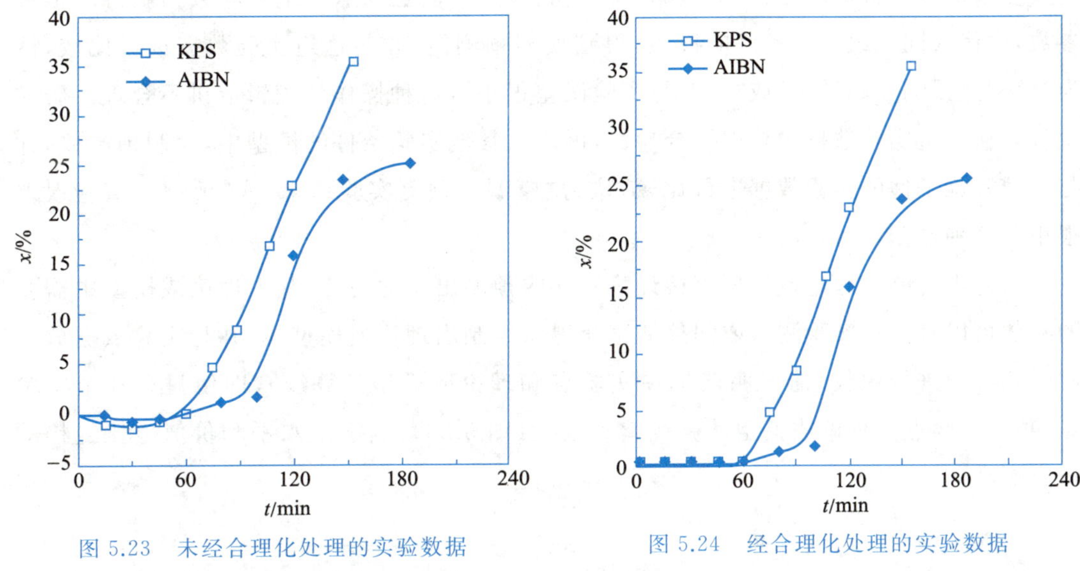

图 5.23 未经合理化处理的实验数据

（KPS 为过硫酸钾，AIBN 为偶氮二异丁腈）

图 5.24 经合理化处理的实验数据

对实验数据进行拟合是最常用的处理方法，其中直线拟合最方便、最常用、最直观。为了准确、直观地表示各物理量与相应标目的关系，可先将物理量进行处理。例如，饱和蒸气压与温度存在 $\lg p^s = A - B/(T+C)$（安托万方程）关系，以 $\ln p^s$ 对 $1\ 000/T$ 作图，可将图 5.8 中的曲线变成图 5.25 中的直线。此外，也可用最小二乘法、多项式等进行数据关联，以方便进行二次、三次及更多次数据处理。

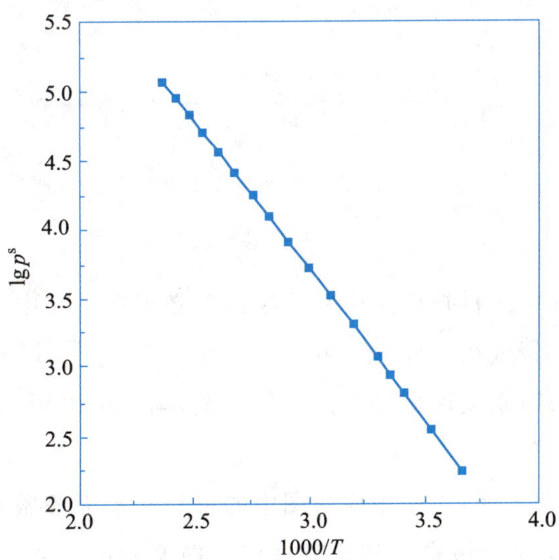

图 5.25 某物质饱和蒸气压对数与温度倒数关系图

研究生学位论文与实验报告不同，不是实验数据的堆砌，需要深挖隐藏在实验数据后面的规律，拟合是一种揭示规律的常用方法。拟合可以得到一些经验或半经验参数，这些参数可以进行横向比较，或预测一些实验现象。但是仅从一组实验数据获得的拟合参数，再代入同一组实验条件的模型，得到模型预测线，并与这组实验数据进行比较，认为“模型能预测实验结果”或“模型与实验误差很小”，这种操作从逻辑上讲不合理。研究生可以从一组实验数据中获得拟合参数，再代入其他实验条件的模型中，绘制预测线，并与其他实验条件的实验数据进行比较，认为“模型能预测实验结果”或“模型与实验误差很小”，这种操作是可行的。

研究生若能从理论或模型直接计算推导或预测出变化规律(其中理论或模型中需要的参数可以直接从实验测得或间接估算获得)，绘制出理论或模型线，并与实验数据放在同一幅图中进行比较(需要明确标注实验点和理论或模型计算线)，即使只有几个实验点，甚至实验点与理论或模型计算线偏离较大(图 5.26)，其学术水平和价值也比纯粹的拟合更高。

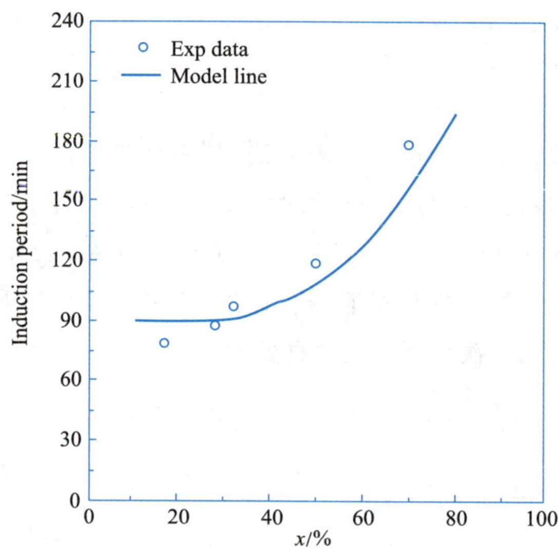

图 5.26 诱导期随二次聚合起始质量转化率变化实验点与模型计算值比较

3) 图与正文的配合

图与正文必须相呼应。科技论文中每一幅图都必须在正文中提及，并对图所反映的关系或变化趋势做出解释或得出结论。排版时，图应排在正文说明之后，并尽可能靠近正文说明处。如果排版时正文说明处无法安排该图，则图可以用文本框形式放置在正文说明处右下方，或排在下一页。

若图比较复杂，难以自明，正文中应对图中的符号和术语等做相应的描述，确保图与正文相呼应。如图 5.27 是初级自由基脱吸过程物理模型示意图。在正文中需要添加一段说明文字：“如图 5.27 所示的初级自由基脱吸过程物理模型示意图。1 个引发剂分子产生 2 个初级自由基(primary radicals，PR)后，初级自由基存在增长、终止、脱吸 3 种可能。初级自由基脱吸由 3 个步骤组成，分别是初级自由基在半径 r_p 的乳胶颗粒内部的扩散、初级自由基在厚度 δ_1 的乳化剂层中的扩散、初级自由基在厚度 δ_2 的乳胶颗粒外静止水膜层中的扩散。”

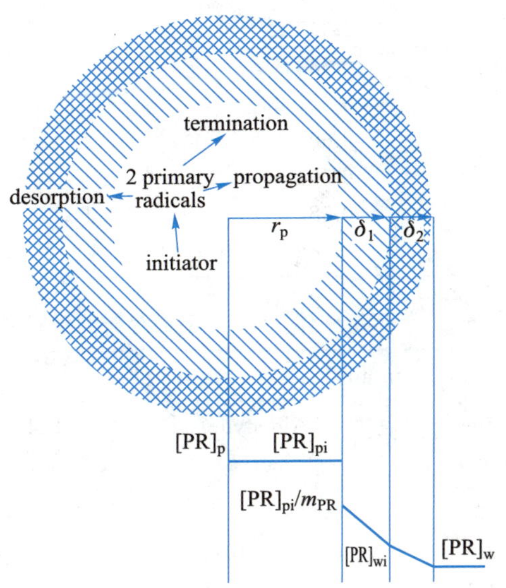

图 5.27 初级自由基脱吸过程物理模型示意图

5.6 表

表是按所需内容项目绘制而成的，是表达实验或计算数据的重要手段。表格简洁鲜明，逻辑性强，对比效果强烈，数据比图更加严谨。

5.6.1 表的种类

表的种类有三线表、卡线表和系统表等。

1） 三线表

三线表由顶线、底线及栏目线（横表头下、纵表头右侧各一根线）所组成，表的左右两边不封闭。一般顶线和底线采用粗实线，栏目线采用细实线表示。在表中，为使数据集中、清晰、不产生歧义，必要时也可再添加栏目线。三线表是目前最常用的表格形式，简明、占版面小，在科技论文中最为常见。研究生学位论文应使用三线表。

三线表的表头有单层次表头（表 5.1）、多层次表头（表 5.2 为多层次横表头）。

2） 卡线表

卡线表是以纵横直线构成的表格，用于项目较多的场合。卡线表的表头中画有斜线，分别对应横栏目、竖栏目和表身。与三线表相比，卡线表多了项目及斜线，但同样左右两边不封闭（表 5.3）。

表 5.1 液体丁二烯的密度和动力黏度随温度的变化

Temperature/℃	Density/(g·cm^{-3})	Dynamic viscosity/(mPa·s)
−20	0.668 7	0.245
−10	0.657 4	0.215
0	0.645 7	0.189
10	0.633 6	0.168
20	0.621 2	0.149
30	0.608 5	0.133
40	0.594 7	0.119
50	0.582 2	0.106
60	0.568 4	0.095

表 5.2 苯乙烯单体在 25 ℃下储存时的稳定性

Storage time/day	In air		In N_2	
	Polymer/(wt%)	Aldehyde/(wt%)	Polymer/(wt%)	Aldehyde/(wt%)
4	1.0	0.08	0.0	0.01
8	2.0	0.11	1.0	0.01
12	4.2	0.16	1.6	0.01
16	6.9	0.21	4.0	0.01
20	11.0	0.24	5.0	0.01

表 5.3 方差分析结果分析表

Factor / Level / Target	A	B	C	D
Conversion	1	1	2	1
Selectivity	2	1	1	2
Yield	2	1	1	2

3）系统表

系统表采用横、竖线或大(花)括号等符号把文字贯穿起来，表示系统内容逻辑上的从属关系，如表 5.4 所示。

5.6.2 表的构成

表格由表号、表名、表题、表头、表身、表注等组成。

1）表号

表号就是表的序号。科技论文中的表应按在论文中出现的先后顺序，用阿拉伯数字从 1 起连续编排，数字后不加标点符号，并利用表号将表与文中内容联系起来。科技期刊论文一般不分章，对表用阿拉伯数字从 1 起连续进行编号即可，只有一张表时，编为“表 1”。研究生学位论文中的表通常分章进行编号，例如，“表 5.4 状态方程分类表”，下划线部分就是表号，表示第 5 章中出现的第 4 个表。

表 5.4 状态方程分类表

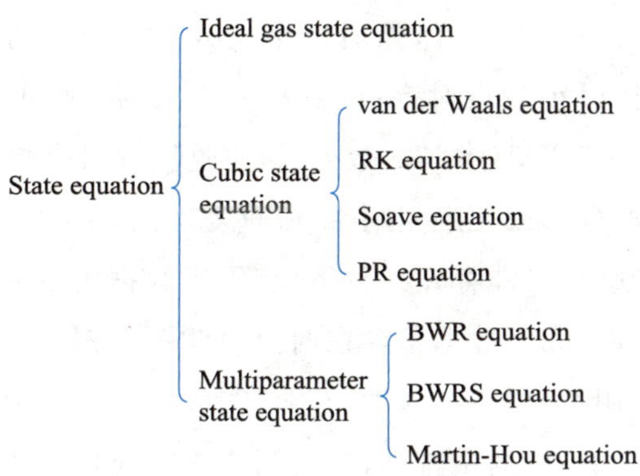

2）表名

表名就是表的名称。表名置于表号之后，两者之间留一汉字空格或 2 个空格键。例如，“表 5.4　状态方程分类表”，下划线部分即为表名。表名应简洁、准确地表达表的内容，一般用词组，不用句子和动词。因为表名不是完整的句子，故表名末尾不加句号。避免用泛指性词语做表名，例如，不宜用“影响表”“数据变化表”等作为表名，应在其之前加上定语，改成“×××对×××的影响表”“×××对×××的数据变化表”。

3）表题

表号与表名合起来即为表题。例如，“表 5.4　状态方程分类表”，下划线部分就是表题。在科技论文中，表题在表的上方居中编排，且必须与表排在同一页面内。表题宽度不能大于表顶线的长度，否则应转行或延长表顶线和底线的长度。研究生学位论文必须使用中、英文对照的表题。英文“Table”与序号之间空 1 格，例如“Table 5.4”，英文的表号和表名之间空 2 格。英文表名也不使用完整的句子，最后也不加句号。

有关表的附加条件或说明，可放在表题之下一行，并加括号。若内容较多，可通过表注的方式置于表之下。

4）表头

表头又称栏目头或项目栏，包括横表头及竖表头。横表头位于表格的最上边一行，横表头的量名称与量符号（或单位符号）可以单行排列，也可双行排列；双行排列时量名称置于上方，量符号（或单位符号）置于下方。竖表头位于表格的最左边一列，一般采用单行排列，量名称后为量符号（或单位符号），二者之间可用空格或“/”分开，也可以将量符号（或单位符号）直接用半角括号括起来，研究生学位论文未规定必须采用何种形式，但全文格式必须统一；量名称与量符号（或单位符号）不宜排成上下两行，以免影响表格的行距。同一纵列的单位相同时，单位应注在横表头；同一横行的单位相同时，单位应注在纵表头；全表单位相同时，单位应注在表名后。

表头要清晰，使读者一目了然。字母与数字采用 Times New Roman 字体，字符间距可根据需要适当加宽或缩紧。

5）表身

表身是表格的主体，内容可以是数字、文字或符号等，字母与数字采用 Times New

Roman 字体。

表内同一列数字先居中上下对齐，然后以个位数为基准再对齐；位数较少的数值用空格键补齐；有小数点时，以小数点对齐；位数相差太大时，则用科学计数法表示。中间夹有连字符“-”、浪纹线“～”或斜线“/”的数列，可将这些符号直接居中对齐。

表内上下左右相邻栏数据或文字相同时，应重复写出，不能用“同上”“同左”“ibid”等表示。表内数据出现空缺时，可能存在三种情况：①当数据为零时，应直接写“0”；②当数据未知或未测时，可留空白；③当数据不存在时，可用“—”符号表示。表格内的参数值涉及大于或小于等比较时，用符号“>”“<”“≥”“≤”表示，尽量不用文字表示。

当整列栏中文字较少时，应居中排列；当整列栏中为长短不一的文字时，宜采用左对齐编排；当栏内文字较多需转行时，头行文字应缩进一个汉字位置，末尾不加标点符号，栏内文字两端对齐。

表身中需要引入“总计”“合计”“小计”“平均”等项目时，应加一条短横线（粗细与栏目线一样）加以分割，上下仍应对齐。

当表中的数据过多，超过一页时，需安排多页，即长表转页。前一页表应“立地”，即前一页表的下方不得编排任何内容，且将前一页表的下框线改为细线，表示“未完待续”。下一页续表必须“顶天”，即下一页表的上方不得编排任何内容，仅在下一页首行表的左上角顶格注明“续表×.×”，在续表中也要加横竖表头。若表格超宽，则可用页面横排、横竖表头转换、竖表并排、横表叠排等方法处理。

6）表注

表注是用来解释表中内容的说明文字，一般放在表的下面。为与表中内容对应，在表头或表身数据右上角加符号“ * ”“ # ”或数字“①”“②”等。每条表注应相对于表格底线的左边端点对齐，若文字较多需换行时，不得超过底线的左右端点。每个表的表注应单独编号。表注用通常的标点符号，最后加句号。表注的字号应小于正文字号，如正文是小四号字体，表注则用五号字体。

5.6.3　表的制作

1）研究生学位论文制表推荐格式

研究生学位论文制表推荐格式如图 5.28 所示。

2）表与正文的配合

教学视频

表与正文必须相呼应。科技论文中每一张表都必须在正文中提及，并对表所反映的关系或趋势作出解释或得出结论。对表的文字说明要有针对性，即针对某个问题作必要的阐述，不可用文字简单重复表中的内容。如果用一两句话即可说明的内容可不必列表；如果表中有较多具有共性的数据，则可以将这些内容提取出来用文字描述，不必列在表中。排版时，表编排在正文说明之后，并尽可能靠近正文说明处。如果排版时正文说明之后无法安排该表，则表可排在下一页。

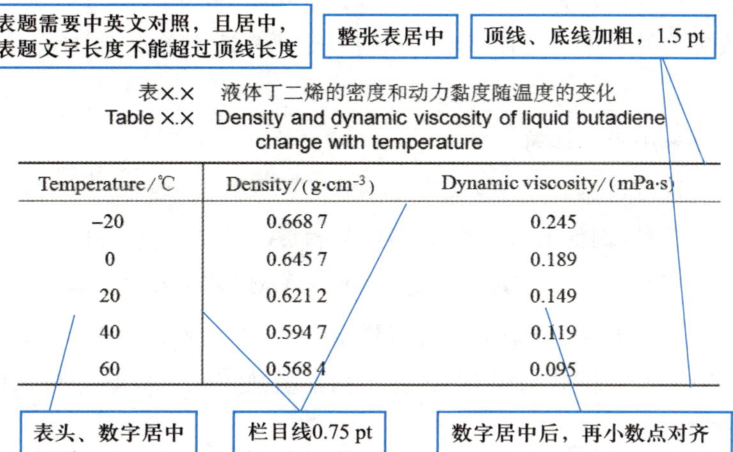

表×.× 液体丁二烯的密度和动力黏度随温度的变化
Table ×.× Density and dynamic viscosity of liquid butadiene change with temperature

Temperature/℃	Density/($g\cdot cm^{-3}$)	Dynamic viscosity/(mPa·s)
−20	0.668 7	0.245
0	0.645 7	0.189
20	0.621 2	0.149
40	0.594 7	0.119
60	0.568 4	0.095

图 5.28 研究生学位论文制表推荐格式

5.7 字 母

科技论文中常用到外文字母，有英、法、德、俄、希腊字母等，其中应用最多的是英文字母和希腊字母，汉语拼音很少用到。研究生学位论文中的英、法、德、希腊字母应采用 Times New Roman 字体。

在科技论文写作中，特别要注意字母的大小写，区分字母的正体和斜体。

5.7.1 字母正体

字母的正体包括大写正体和小写正体。正体字母主要用于以下情况。

① 所有计量单位，例如 K、MPa、kPa、m、$\mathrm{m^3}$、mol、kg、$\mathrm{J\cdot mol^{-1}\cdot K^{-1}}$、$\mathrm{kJ\cdot mol^{-1}}$等。

② 所有词头，例如 E(exa，艾，10^{18})、P(peta，拍，10^{15})、T(tera，太，10^{12})、G(giga，吉，10^{9})、M(mega，兆，10^{6})、k(kilo，千，10^{3})、h(hecto，百，10^{2})、da(deca，十，10^{1})、d(deci，分，10^{-1})、c(centi，厘，10^{-2})、m(milli，毫，10^{-3})、μ(micro，微，10^{-6})、n(nano，纳，10^{-9})、p(pico，皮，10^{-12})、f(femto，飞，10^{-15})、a(atto，阿，10^{-18})等。

③ 所有量纲符号，例如 M(质量的量纲)、L(长度的量纲)、T(时间的量纲)、I(电流的量纲)、Θ(热力学温度的量纲)、N(物质的量的量纲)、J(发光强度的量纲)等。注意量纲和单位的区别。

④ 数学运算符号，例如 d(微分)、Π(连乘)、Σ(连加)、lg(常用对数)、ln(自然对数)、log(对数)、Δ(相差)等。

⑤ 数学缩写符号，例如 sin(正弦)、cos(余弦)、tan(正切)、cot(余切)、arcsin(反正弦)、arccos(反余弦)、arctan(反正切)、max(最大)、min(最小)、lim(极限)、exp(指数函数)、Γ(x)(伽马函数，其中 x 是斜体)等。

⑥ 数学常数符号，例如 e（自然对数的底）、π（圆周率）等。

⑦ 特殊数集符号采用黑正体，例如 **N**（自然数集）、**Z**（整数集）、**R**（实数集）、**Q**（有理数集）、**C**（复数集）等。

⑧ 矢量微分采用黑正体符号∇。

⑨ 化学元素符号，例如 H（氢）、O（氧）、Na（钠）、Cl（氯）等。

⑩ 缩写词或符号，例如 RCS（雷达散射截面）、AGC（自动增益控制）、VAc（醋酸乙烯酯）、DMF（二甲基甲酰胺）、PTA（对苯二甲酸）、DMT（对苯二甲酸二甲酯）、PE（聚乙烯）、PVC（聚氯乙烯）、PLC（可编程逻辑控制器）、CAD（计算机辅助设计）等。

⑪ 仪器、使用方法代称，例如 DSC（差示扫描量热仪）、TA（热分析）、IR（红外吸收）、NMR（核磁共振）等。

⑫ 国名、地名、人名、公司名等，例如 China、USA、Shanghai、Shan Guorong、BP（英国石油公司）、Sinopec（中国石化集团公司）等。

⑬ 国际组织，例如 UN（联合国）、WHO（世界卫生组织）等。

⑭ 表示代号或序号的字母，例如附录 A、电容 C18、方案 B、C 组、图 4（d）、表 5a、维生素 C 等。

⑮ 国家技术标准代号，例如 GB/T 等。

⑯ 仪器、元件、产品的型号，例如 Carbon X1、Mate 30 等。

⑰ 计算机语言、程序。

⑱ 文字叙述。

⑲ 生物学中属以上（不含属）的拉丁学名（界、门、纲、目、科），例如 Chlorophyta（绿藻门）、Mammalia（哺乳动物纲）等。

⑳ 不表示量符号的外文缩写词，例如 E（东）、S（南）、W（西）、N（北）等。

㉑ 在书籍、期刊、研究生学位论文的正文或参考文献中的杂志名可用正体，也可用斜体，但全文必须统一。

5.7.2 字母斜体

字母的斜体包括大写斜体和小写斜体。斜体字母主要用于下列情况。

① 所有物理量，例如 p（压力）、V（体积）、T（温度）、v（速度）、I（电流）、U（电压）、x（组成）、y（组成）、d（直径）、η（黏度）、σ（表面张力）等。

② 几何量，例如坐标 x、y、z，球坐标 r、θ、φ，线段 AB，ΔABC（其中 Δ 是正体），原点 O，任意点 P 等。

③ 数学中的一般标量，例如 a、b、x、y、函数 $f(x)$（其中括号是正体）等。

④ 矢量和张量符号，排版时用黑斜体，例如 $\boldsymbol{A}\times\boldsymbol{B}$；手写文稿中，矢量和张量可以采用白斜体字母，但在字母上方须加箭头“→”。

⑤ 矩阵符号用黑斜体字母，例如 $\boldsymbol{A}^{\mathrm{T}}$（转置矩阵）、$\boldsymbol{I}$（单位矩阵）等。

⑥ 特征数符号，包括所有的无量纲数群，例如 *Re*（雷诺数）等；也包括通用常数，例如 *R*（摩尔气体常数）等。

⑦ 有机化合物前表示旋光性、分子构象、取代基位置等的符号，例如 *l*-（左旋）、*d*-（右旋）、*dl*-（外消旋）、*n*-（正）、*sec*-（仲）、*tert*-（叔）、*cis*-（顺式异构）、*trans*-（反式异构）、*o*-（邻位）、*m*-（间位）、*p*-（对位）、*α*-（*α* 位取代）、*β*-（*β* 位取代）、*N*-（*N* 取代）、*N*，*N*-（*N*，*N* 二取代）、*sym*-（对称）、*unsym*-（非对称）等。

⑧ 生物学中属以下（包含属）的拉丁学名（属、种），例如 *Escherichia coli*（大肠杆菌种）、*Equus*（马属）等。

⑨ 物理量符号中代表量和可变数字的下标，例如 C_p（等压热容）、x_i（$i=1,2,3,\cdots$）（*i* 组分液相组成）等。

5.7.3 上标和下标的正斜体

上下标的正斜体应用比较混乱，总的原则：凡是量符号、代表变动数字及坐标轴的字母为上下标时采用斜体，其他情况为正体。例如，x_t（*t* 时刻的转化率）、C_p（等压热容）、L_x（*x* 轴向长度）等的上下标为斜体；L_{max}（最大距离）、U_{P}（峰值电压）、$\boldsymbol{A}^{\mathrm{T}}$（转置矩阵）、$p^{\mathrm{s}}$（饱和蒸气压）等的上下标为正体。

5.7.4 大写字母

科技论文中，有的地方必须使用大写字母。

① 所有量纲符号，例如 M（质量的量纲）、L（长度的量纲）、T（时间的量纲）、I（电流的量纲）、Θ（热力学温度的量纲）、N（物质的量的量纲）、J（发光强度的量纲）等。

② 化学元素符号的第一个字母，例如 Ar（氩）、Cl（氯）、Fe（铁）等。

③ 源于人名的单位符号第一个字母，例如 Pa、V、W、J 等。

④ 表示 10^6 及以上因数的词头符号，例如 M（10^6）、G（10^9）、T（10^{12}）等。

⑤ 姓和名的第一个字母，例如 Shan Guorong、Shan G R 等。

⑥ 洲、国家、国际组织、学校等的第一个字母，例如 Asia、China、WHO（世界卫生组织）、Zhejiang University（浙江大学）、Dept Chem Eng（化学工程系）等。

⑦ 期刊或书名实词的第一个字母，例如 *Polymer*、*Mechanical Engineering Principles* 等。

⑧ 月份和星期的首字母，例如 May、October、Sunday 等。

⑨ 暂时可与 SI（国际单位制）并用的几个单位，例如 Å（埃）等。

⑩ 科技名词中的外文缩写词，例如 DNA（脱氧核糖核酸）、COD（化学需氧量）、PX（对二甲苯）、EO（环氧乙烷）、PP（聚丙烯）等。

⑪ 表示代号或序号的字母，例如电阻 R11、电容 C15、附录 A1 等。

5.7.5 小写字母

科技论文中，有的地方必须使用小写字母。

① 大部分中间文字。

② 非源于人名的单位符号，例如 m、kg、s 等。体积的单位“升”可以小写“l”，也可以大写“L”，研究生学位论文中建议用大写，以区别于数字“1”，并全文统一。

③ 表示 10^3 及以下因数的词头符号，例如 k(10^3)、m(10^{-3})、μ(10^{-6})、n(10^{-9})等。

④ 法国、德国人姓氏中的附加词，例如 de、la、le、les、der、ven、van、am 等。

⑤ 需要识别的列项序号采用带半圆括号的小写英文字母，例如“a)”“b)”“c)”等。

5.8 单　位

科技论文中法定计量单位符号采用英文字母或希腊字母。研究生学位论文中的法定计量单位符号一般采用 Times New Roman 字体，且计量单位符号的字体要全文统一。

5.8.1 法定计量单位

我国的法定计量单位包括 SI 规定的 7 个基本单位(表 5.5)，以及 21 个 SI 辅助单位和导出单位(表 5.6)和 16 个非国际单位制单位(表 5.7)。因此，目前共有 44 个法定计量单位。研究生学位论文中只能出现这 44 个法定计量单位，当引用文献数据不是这些法定计量单位时，则须换算成法定计量单位，并在括号内标注换算值。

表 5.5 SI 规定的 7 个基本单位

量的名称	单位名称	单位符号
长度	米	m
质量	千克	kg
时间	秒	s
电流	安培	A
热力学温度	开尔文	K
物质的量	摩尔	mol
发光强度	坎德拉	cd

表 5.6 21 个 SI 辅助单位和导出单位

量的名称	单位名称	单位符号	其他表达法
平面角	弧度	rad	$m \cdot m^{-1}$
立体角	球面度	sr	$m^2 \cdot m^{-2}$
频率	赫兹	Hz	s^{-1}

续表

量的名称	单位名称	单位符号	其他表达法
力	牛顿	N	$kg \cdot m \cdot s^{-2}$
压力、压强、应力	帕斯卡	Pa	$N \cdot m^{-2}$
能量、功、热量	焦耳	J	$N \cdot m$
功率	瓦特	W	$J \cdot s^{-1}$
电荷量	库仑	C	$A \cdot s$
电压、电位、电势	伏特	V	$W \cdot A^{-1}$
电容	法拉	F	$C \cdot V^{-1}$
电阻	欧姆	Ω	$V \cdot A^{-1}$
电导	西门子	S	Ω^{-1}
磁通量	韦伯	Wb	$V \cdot s$
磁通量密度、磁感应强度	特斯拉	T	$Wb \cdot m^{-2}$
电感	亨利	H	$Wb \cdot A^{-1}$
摄氏温度	摄氏度	℃	K
光通量	流明	lm	$cd \cdot sr$
光照度	勒克斯	lx	$lm \cdot m^{-2}$
放射性活度	贝可勒尔	Bq	s^{-1}
吸收剂量、比释动能、比授予能	戈瑞	Gy	$J \cdot kg^{-1}$
剂量当量	希沃特	Sv	$J \cdot kg^{-1}$

表 5.7　16 个非国际单位制单位

量的名称	单位名称	单位符号	换算关系
时间	分、小时、日	min、h、d	1 d=24 h=1 440 min=86 400 s
平面角	角秒、角分、度	″、′、°	1 °=60 ′=3 600 ″=(π/180) rad
质量	吨、原子质量单位	t、u	$1\ t=10^{3}\ kg$, $1\ u\approx1.66\times10^{-27}\ kg$
体积	升	L,(l)	$1\ L=10^{-3}\ m^{3}$
旋转速度	转每分	$r \cdot min^{-1}$	$1\ r \cdot min^{-1}=(1/60)\ s^{-1}$
长度	海里	n mile	1 n mile=1 852 m
速度	节	kn	$1\ kn=1\ n\ mile \cdot h^{-1}$
能	电子伏	eV	$1\ eV\approx1.6\times10^{-19}\ J$
级差	分贝	dB	
线密度	特克斯	tex	$1\ tex=10^{-6}\ kg \cdot m^{-1}$
面积	公顷	hm^{2}	$1\ hm^{2}=10^{4}\ m^{2}$

5.8.2　单位符号使用规则

单位符号在使用时需遵循以下规则。

① 单位符号采用正体英文字母或希腊字母，例如，长度的单位符号是 m、电流的单位符号是 A、电阻的单位符号是 Ω。

② 单位符号多为小写字母，例如 m、g、s 等。

③ 源于人名的单位符号的首字母应大写，例如，频率的单位符号为 Hz、电流的单位符号为 A、功率的单位符号为 W。

④ 一些在个别科技领域中暂时还可以使用的单位，例如 Å（埃）、bar（巴）、R（伦琴）等。

⑤ 不能继续使用的非法定单位，例如 atm（标准大气压）、Torr（托）、mmHg（毫米汞柱）、cal（卡）、P（泊）、dyn（达因），以及 in（英寸）、ft（英尺）、lb（磅）、gal（加仑）、Btu（英热单位）、hp（马力）、yd（码）、℉（华氏度）等英制单位。

⑥ 科技论文中不能使用表压。

⑦ 科技论文中，基本不用中文表示单位，而直接使用国际符号。例如，长度用 m，而不用“米”，以方便表达复杂单位（如 $\mathrm{kg \cdot m \cdot s^{-2}}$、$\mathrm{J \cdot mol^{-1} \cdot K^{-1}}$等）。

⑧ 单位与数字要配合，例如，69 400 J 宜写成 69.4 kJ，0.012 m 宜写成 12 mm。

⑨ ppm、ppb 不是计量单位符号，应该用 10^{-6}、10^{-9} 代替，并注明是质量比还是体积比。

⑩ 单位符号不得修饰，也不允许设置下标或上划线，例如，标准状态下的体积不要出现 100 $\mathrm{Nm^3}$ 或 22.4 NL，而应写成 $V_n=100\ \mathrm{m^3}$ 或 $V_n=22.4$ L，即在物理量下加注 n 表示标准态；电流的单位符号为 A，p 点电流或平均电流不能使用 $\mathrm{A_p}$或 $\overline{\mathrm{A}}$，而应写成 I_p或 $\overline{I}$。

⑪ 有些单位符号常被误用，例如，h 不能写成 hr，s 不能写成 sec，min 不能写成 m，mol 不能写成 mole 等。

⑫ 不能把英文缩写符号作为单位符号，例如，转速单位符号 $\mathrm{r \cdot min^{-1}}$ 不能写成 rpm。

5.8.3　单位符号词头使用规则

教学视频

单位符号词头在使用时需遵循以下规则。

① 词头采用正体英文字母或希腊字母，例如 kg、μm 等，作为词头的“μ”是半字符。

② 词头不能重叠使用，例如，nm 不能写作 mμm。

③ 词头与单位符号之间不留空隙。

④ 表示 10^3 或小于 10^3 因数的词头符号采用小写字母。

⑤ 表示 10^6 或大于 10^6 因数的词头符号采用大写字母。

⑥ 不得单独使用词头。

⑦ 分母一般不加词头，但当分母为质量、长度、面积和体积单位时，分母也可以加词头。例如 kg、km、km^2 等。

⑧ 一般不对组合单位的分子和分母同时加词头。

⑨ 摄氏温度的单位摄氏度，平面角的单位度、角分、角秒，时间的单位日、时、分等，不用词头构成倍数。

⑩ 万和亿是我国习惯使用的数词，但它们不是词头，科技论文中应该逐步减少这些数词，例如，万吨宜改成 10 kt。

5.8.4 组合单位符号使用规则

当两个或多个单位构成组合单位时，其符号使用应遵循以下规则。

教学视频

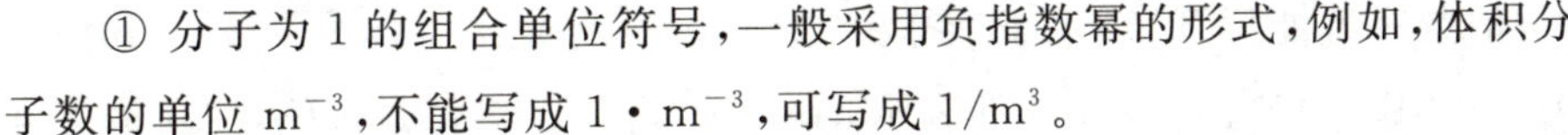

① 分子为 1 的组合单位符号，一般采用负指数幂的形式，例如，体积分子数的单位 m^{-3}，不能写成 $1 \cdot m^{-3}$，可写成 $1/m^3$。

② 单位符号相乘时，中间应加间隔号（半字符“·”），不能加星号或乘号，例如，Pa·s 不能写成Pa×s或 Pa＊s。

③ 单位符号相除时，分母中的单位符号用负指数幂的形式写入分子中，例如 $mol \cdot L^{-1}$。

④ 当两个或更多单位相除所构成的组合单位，组合单位符号中除号线后的分母中有两个及以上单位符号时，则整个分母需加括号，例如 W/(m·K)、J/(mol·K)，建议用 $W \cdot m^{-1} \cdot K^{-1}$、$J \cdot mol^{-1} \cdot K^{-1}$ 表示，不能写成 W/mK、J/molK 和 W/m·K、J/mol·K。

⑤ 组合单位符号必须作为一个整体使用，不能拆开，不能转行编排。

⑥ 组合单位中一般不出现中文，只有法定单位中没有国际符号时，允许同时使用中文，例如元/t、m^2/人等，此种情况建议写成“每吨××元”“人均×× m^2”。

5.9 数　字

科技论文中采用的数字有阿拉伯数字、汉字数字和罗马数字。研究生学位论文中的阿拉伯数字应采用 Times New Roman 字体。

5.9.1 阿拉伯数字使用规则

阿拉伯数字在使用时需遵循以下规则。

① 单位符号前面的数字必须采用阿拉伯数字，且与单位符号之间空半字符空格，例如 15.3 kg、22.4 m^3 等。

② 科技论文中优先使用阿拉伯数字，例如 1 台计算机、2 个槽罐等。

③ 公元、年代、年、月、日和时刻用阿拉伯数字表示，例如公元前 200 年，1889 年，21 世纪，2021 年 8 月 8 日上午 8 点等。

④ 年份不能简写，例如，1985—1995 年不能写成 85—95 年，1990 年不能写成 90 年。

⑤ 序数词和编号用阿拉伯数字表示，例如第 1 卷、第 4 页、图 3.1、表 4.5 等。

⑥ 约数用阿拉伯数字表示，例如 30 多种、约 2 万、3 个月左右等。

⑦ 多位数可采用三位分节法表示，即小数点向左或向右每三位为一节，节间留半字符空格，例如 1 234.36、3.567 97 等；多位数也可不采用三位分节法表示，但须全文一致。

⑧ 已定型的含阿拉伯数字的词语，例如 5G(第五代移动通信技术)、G20(二十国集团)等。

⑨ 有机化合物名称中表示取代位置时用阿拉伯数字表示，例如 1-丁烯、1-氟-3-氯丙烷等。

⑩ 阿拉伯数字不能与万、亿和 SI 词头中文名称以外的数词连用，例如，151 500 可以写成 15.15 万，不能写成 15 万 1 千 5 百；5 000 元不能写成 5 千元。

⑪ 多位阿拉伯数字不能拆开转行。

⑫ 5.10×10^5、0.510×10^6、510×10^3 都表示 510 000，有效数字都是 3 位，前两种更合适；但是在表中，若 10^3 是统一的幂数，则用 $510(\times10^3)$更合适。

⑬ 纯小数，必须有定位 0，例如，0.27 不能写成.27。

5.9.2 汉字数字使用规则

汉字数字在使用时需遵循以下规则。

① “〇”不是汉字，应正确撰写汉字数字年份，例如，2021 年的汉字数字年份不能写成二〇二一年，应该写成二零二一年。

② “〇”在特定场合仍可使用，例如七〇一研究所、一二〇师等，但“〇”绝不能用阿拉伯数字“0”代替。

③ 并列的阿拉伯数字后的总数应该用汉字数字，例如，流程图 3、6、9 三个设备都是槽罐。

④ 相邻数字表示概数要用汉字数字，例如四五天、十五六件设备，汉字数字中间无顿号。

⑤ 带“几”的数字用汉字数字表达，例如十几、几十分之一。

⑥ 已习惯应用或定性的词、词组、缩略词也用汉字数字表达，例如一律、一方面、第三世界、第一作者等。

⑦ 星期几一律用汉字数字。

⑧ 数字后为形容词时用汉字数字，例如五大优点。

5.9.3 罗马数字

罗马数字用七个基本数字Ⅰ、Ⅴ、Ⅹ、L、C、D、M，或它们的组合表达数值。七个基本罗马数字与阿拉伯数字的对应关系为Ⅰ(1)、Ⅴ(5)、Ⅹ(10)、L(50)、C(100)、D(500)、M(1 000)。

罗马数字的记数规则如下。

① 同一个罗马数字连写几遍所表示的数是重复的各数之和，例如，Ⅲ就是 3，ⅩⅩ就是 20。

② 在一个罗马数字右边加一个比它小的罗马数字（只允许Ⅰ、Ⅹ、C、M 四个数），表示的数字是大小数字之和，例如，Ⅵ就是 6，MC 就是 1 100。

③ 在一个罗马数字左边加一个比它小的罗马数字（只允许Ⅰ、Ⅹ、C、M 四个数），表示的数字是大小数字之差，例如，Ⅳ就是 4，CM 就是 900。

④ 在罗马数字上方加一条横线，表示该数是原数的 10^3 倍，例如，$\overline{\text{V}}$ 就是 5 000。

⑤ 在罗马数字上方加两条横线，表示该数是原数的 10^6 倍，例如，$\overline{\overline{\text{IV}}}$ 就是 4 999 999。

期刊论文或研究生学位论文中，罗马数字可在图表中用作代号或标识符号，也可用作研究生学位论文或图书的前置部分（摘要、目录等）的页码符号。罗马数字不能作为章节及其下扩层次、公式、插图、表格、参考文献和附录等的序号。一般期刊论文和研究生学位论文中，也不用罗马数字进行数值运算。

5.9.4 与数字相关的其他使用规则

1）数字的倍数和约数

① 增加可以用倍数或百分数表示，例如，增加了 4 倍（由 1 增至 5），增加到 4 倍（由 1 增至 4），增加了 70%（由 1 增至 1.7）。

② 减少只能用百分数或分数表示，不能用倍数表示，例如，降低了 30%（由 1 减至 0.7），降低到 30%（由 1 减至 0.3），降低了 1/4（由 1 减至 0.75）。

③ 数字前后的“近”“约”“多”“以上”“以下”等表示概数的词不能同时用在一个数字的前后，例如，不能写作“大概 10 m 左右”，可写成“大概 10 m”或“10 m 左右”。

2）有效数字

实验获得的数据，其有效数字与测量仪器的精度有关。例如，一般温度计的精度只能到 0.1 ℃，确定化学反应的温度时，不能将从数显仪器上读取的温度（61.576 9 ℃）直接作为反应温度，应写成 61.6 ℃；测量聚合物相对分子质量的凝胶渗透色谱仪的精度也只能到几千，从仪器上直接抄下 583 687.015 8 不合适，应写成 5.8×10^5。

3）数值范围

① 中文科技论文数值范围用“～”表示，而英文科技论文数值范围用“-”表示。例如，反应温度为 50～70 ℃，the reaction temperature is 50-70 ℃。

② 书写百分数范围时，前后都要加上百分号，例如，反应转化率为 50%～70%。

③ 幂次相同的数值范围，前后幂次不能省略，例如，7.1×10^4～8.2×10^4 不能写成 7.1～8.2×10^4。

④ 书写用万或亿表示的数值范围时，每个数值中的万或亿都要写出，例如，2 万～3 万不能写成 2～3 万。

4）数字相乘

① 数字相乘时使用乘号，不能使用圆点或星号，例如，4.5×10^4 不能写成 $4.5\cdot10^4$，也不能写成 $4.5*10^4$。

② 几个数字连乘就用多个乘号，例如 $3\times6.5\times4.5\times10^4$。

5）数字与单位的组合表达

① 数字和单位符号之间空半字符空格，例如 5 m、6 kg。

② 表示单位相同的数值范围时，只需在后一个数值的后面写出单位，例如 50～70 ℃、5.1～18.4 kPa、200～300 字。

③ 表示单位不完全相同的数值范围时，每个数值后面都要写出单位，例如，3 h～3 h 30 min 不能写成 3～3 h 30 min，最好写成 3～3.5 h。

④ 不连续数据也只在最后注单位，例如 0.1、0.2、0.3 m，数字间用逗号或顿号。

⑤ 附带单位的量值表示二维（面积）或三维（体积）时，每个数值都应写出单位，例如，30 mm×15 mm×40 mm 不能写成 30×15×40 mm，更不能写成 $30\times15\times40\ \mathrm{mm}^3$。

⑥ 3 000 000 m^2 可以写成 $3\times10^6\ \mathrm{m}^2$，但不能写成 3 Mm^2，因为 $3\ \mathrm{Mm}^2=3\times(10^6\ \mathrm{m})^2=3\times10^{12}\ \mathrm{m}^2$。

⑦ 对偏差或公差也要前后都写单位，例如，70 mm±1 mm 不能写成 70±1 mm。

5.10 公　　式

公式表示物理量之间的定量数学关系，是科技论文的重要表达方式，是理论内容中的重要组成部分。公式表达事实和规律，具有简明、集中的优点。

公式中的字母多、符号多、层次多、变化多，在科技论文中须正确编排公式，使其简明、准确、规范和美观。虽然目前尚无编排公式的专用国家标准，但有一些标准中涉及公式的编排方法，为正确编排公式提供了依据。研究生学位论文中公式的字母和数字全部采用 Times New Roman 字体。

5.10.1 公式主体

教学视频

公式主体也称式体，其编写需遵循下列基本规则。

① 公式主体由各种符号组成，需正确使用外文字母的正斜体、大小写、黑白体、上下标等，尽量采用公式编辑器编写公式。

② 物理量的名称（中文名称或外文缩写编号）不能作为物理量符号编入公式中，例如，时间的符号为 t，不能用“时间”或“Time”代替。

③ 必须正确选用运算符号，不要随意选取计算机符号库中的类似符号，例如，不能将“～”“≑”作为近似符号“≈”，不要将星号“*”或间隔号“·”作为乘号“×”。

④ 公式中的括号尽可能采用编辑软件中的括号，避免出现“括号束腰”现象，例如，

$N_u=\alpha\left(\frac{D^2N\rho}{\mu}\right)^b\left(\frac{C_p\mu}{\lambda}\right)^c\left(\frac{\mu}{\mu_w}\right)^m$ 不要编写成 $N_u=\alpha(\frac{D^2N\rho}{\mu})^b\ (\frac{C_p\mu}{\lambda})^c\ (\frac{\mu}{\mu_w})^m$。

⑤ 尽量避免在公式中出现汉字，也不用汉字表达物理量的下标和公式的值域区间。

⑥ 公式主体的同一行一般不编排汉字，在“令”与“其中”等汉字之后，应另起一行编排公式。

⑦ 公式中一些除号可用斜线表示，前提是不致产生混淆，例如 $Z=pV/RT$。

⑧ 公式中，字母符号之间、字母符号与其前的数字之间，若不会产生误解，尽可能不用乘号，例如 $2\pi r$；数字与数字之间、字母符号与其后的数字之间必须用乘号分开，例如 $3\times2\pi r\times10^3$。

⑨ 公式中，尽可能避免使用多于两行的数学式，例如，$t=\frac{\ln\frac{k_2}{k_1}}{k_2-k_1}$ 须变成 $t=\frac{\ln(k_2/k_1)}{k_2-k_1}$。

⑩ 太长的公式难以排在一行，要把部分移至下行时，公式的编号也移至下行，优先在 =、≈、≠、>、<、≥、≤处转行，其次在+、−、×、÷处转行，上述运算符号不转入下一行，尽量不在 $\int$、Σ、Π、$\frac{\partial}{\partial x}$、$\frac{d}{dx}$、$\iint$ 处转行。若在“=”处转行，则一般在“=”处排齐，例如：

$$\begin{aligned}A&=a+b+c+d+e+f\\&=m+n\end{aligned}$$

⑪ 公式中，分数的横线与等号对齐，繁分数时，把主要分线与等号对齐，还要注意叠排式中的主要分线比副线稍长一些，例如 $=\frac{\frac{a}{b}}{c}$、$=\frac{a}{\frac{b}{c}}$。

⑫ 当分子分母都是多项式的长式需要转行时，可在+、−等运算符处各自转行，并在转行处的行末加符号“→”，转行后的行首加符号“←”，例如：

$$G=\frac{A(a_1+a_2+a_3+a_4)+B(b_1+b_2+b_3)+}{D(d_1+d_2+d_3+d_4)+}\rightarrow$$

$$\leftarrow\frac{C(c_1+c_2+c_3+c_4+c_5)}{E(e_1+e_2+e_3)}$$

⑬ 若分子分母都是非多项式的长式需要转行时，可在某些因子间各自转行。

⑭ 公式中常出现“系数”(coefficient)或“因子”(factor)。系数有单位，例如扩散系数 D，等压摩尔热容 $C_p=A+BT+CT^2$ 中的 A、B、C 也都有单位，这些系数的数值与单位有关，不可混淆误用；因子无单位，例如压缩因子 Z。

5.10.2 公式的编号

公式的编号需遵循下列基本规则。

① 论文中的公式应按照其在正文中出现的先后顺序用阿拉伯数字连续编号，一般加全角或半角圆括号，靠右编排，全文统一。

② 所有的公式必须在正文中提到，并通过公式编号与正文联系起来，例如，“见式(6.3)”，避免用“如下式”“见上式”等方式表达。

③ 编号与公式主体间不用点、线连接。

④ 公式转行编排时，编号置于末行的行尾。

⑤ 除变量关系简单的少数公式外，一般不把公式写在叙述部分，而是单独成行、编号。

⑥ 研究生学位论文中的公式靠左排，编号靠右排，全文统一。

⑦ 研究生学位论文中的公式分章编号，类似或成组的公式可用同一编号，后加 a、b、c 以示区别。

⑧ 若有几个相关公式形成上下排列时，其公式左边要对齐。

⑨ 几个短式可排在同一行，并使用同一编号，例如：

$$F_1 = F\sin\theta \qquad F_2 = F\cos\theta \tag{6.×}$$

⑩ 若公式中的物理量符号还需进一步说明，可在下一行左顶格写“式中：”，然后注明符号或物理量的名称和定义。

⑪ 一个大公式后，紧接着出现一些说明公式、关系式时，可不写“式中”，直接与大公式左对齐编排。

⑫ 公式前可以有镶字(6 字以内且另行起排的词语)，1 个字的有：设、令、若、则、因、故、有、即、当……，2 个字的有：假设、由于、因为、所以、由此……，3 个字及以上的有：由此得、其解为、式(　)变为……，镶字一般左顶格编排。

⑬ 编排在叙述文字中的公式称为行中式，可把简单的数学式作为行中式编排，以使论文结构紧凑。行中式尽可能采用横排的方式，以免出现超行距现象，例如，$\dfrac{\sigma}{\gamma}$须改写成 σ/γ，而且横排方式中的符号最好不用公式编辑软件编写，而使用键盘字符或字符库中的半角字符(symbol)直接编写，以免出现字符上下偏离的现象。

5.11 结　构　式

结构式是用元素符号和短线表示化合物(或单质)分子中原子的排列和结合方式的化学式，是一种简化描述分子结构的方法。研究生学位论文中，简单的有机物可直接写分子式，复杂的化合物一般需提供严格的结构式。可采用专门的化学结构式编辑器进行编排。

结构式的编排须遵循下列基本规则。

① 化学结构式按规则书写，元素和基团要密排，而且键号短线要对准。

② 编排环结构时，环上的碳原子可以省略，若 O、N、S 在环上，不能排到环外。

各种错误示例(错误见虚线圆圈部分)和正确示例如图 5.29 所示。

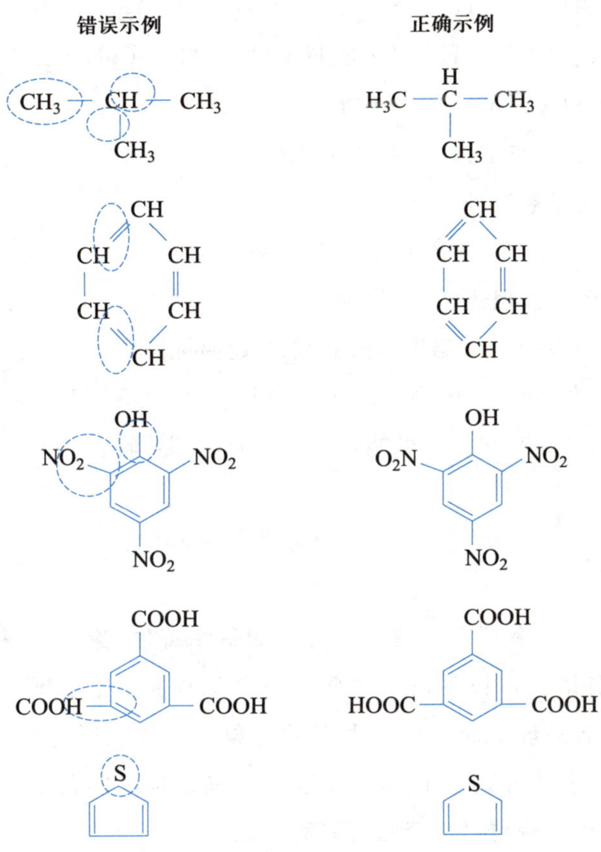

图 5.29 结构式的各种错误示例和正确示例

5.12 反 应 式

反应式是用化学符号定量表示化学反应的式子，也称化学方程式、化学反应式。反应式中须标明各反应物和生成物物质的量之间的关系。

反应式的编排须遵循下列基本规则。

① 反应式中的反应物、生成物化学元素符号均为正体。

② 反应符号采用单箭头“$\longrightarrow$”或双箭头“$\rightleftharpoons$”，其长度相当于 2 个汉字的字符间距，若加注反应条件，还可延长，例如：

$$\xrightarrow[600\sim700\ ℃]{Fe_2O_3}$$

③ 若加注文字不多，应注在反应符号之上，若文字较多，可上下兼注。

④ 对于可逆反应，由于正、逆反应条件不一致，反应条件要与箭头方向一致，例如$\underset{k_{dp}}{\overset{k_p}{\rightleftharpoons}}$。

⑤ 反应式一般另起一行，居中排列。

⑥ 有几个反应式并列时，一般左对齐。

$$C_6H_5CH_2CH_3 \longrightarrow C_6H_5CH{=}CH_2 + H_2$$

$$2C_6H_5CH_2CH_3 \longrightarrow C_6H_5CH{=}CH_2 + C_6H_5CH_3 + CH_4$$

$$C_6H_5CH_2CH_3 \longrightarrow C_6H_6 + C_2H_4$$

$$C_6H_5CH_2CH_3 \longrightarrow 7C + CH_4 + 3H_2$$

⑦ 离子价应排在元素符号右上角。

$$Ca^{2+} + 2Cl^- \longrightarrow CaCl_2$$

⑧ 书写热化学反应方程式时，应注明物质的状态(小写的 s、l、g、c 代表固态、液态、气态、结晶态)，反应焓变要注明温度，并用上标$^{\ominus}$表明标准态。

$$C(s) + O_2(g) \longrightarrow CO_2(g) \qquad \Delta H_{298}^{\ominus} = -393.51\ kJ \cdot mol^{-1}$$

⑨ 反应式太长需要转行时，尽可能在“⟶”或“+”处转行。

5.13　科技英语的表达

科技英语是指在自然科学和工程技术方面的科学著作、论文、教科书、科技报告和学术讲演中所使用的英语。科技英语不像普通英语那样具有感性形象思维，不具感情色彩，其目的是使读者容易理解而不产生太多的想象。科技英语主要是一种书面语言，要求严谨、简洁、准确地表达客观规律，按逻辑思维清晰地描述问题。不要求在文中堆积华丽的辞藻，也较少运用比喻、排比、夸张等修辞手法。

5.13.1　科技英语词汇的特点

1）词汇专一

科技英语的词汇意义比较专一、稳定，特别是大量的专业名词的词义很固定。

科技英语词汇具有国际性。70%以上的科技英语词汇来自拉丁语、希腊语，例如 physics、morphology、electric、dynamics 等。绝大多数医学、兽医学、植物学、动物学等的词汇源于拉丁语、希腊语，这是因为这两种语言都是“死”语言，不会由于社会的发展而引起词义的变化，也不会因词的多义引起歧义。

同一个英语常用词可以被多个专业采用，例如 safety、pressure、temperature 等。

各专业也有各自的科技英语词汇，例如，化学工程专业的 benzene、sulfuric acid、distillation、rectification、heat exchanger、tower、pump、reactor、oxidation、hydrogenation 等，电气工程专业的 transformer、voltage regulator、substation automation system 等。

2）多派生词和合成词

在单一词前加前缀可组成派生词，常见的前缀有 anti、bi、bio、bis、hydro、macro、micro、mono、multi、non、supra、thermo 等。

在单一词后加后缀也可组成派生词，常见的后缀有 al、amide、amine、graph、ol、one 等。

由两个或两个以上单一词可组成合成词，例如 waterproof、horsepower、wavelength、high-frequency、two-way等。

3）科技英语中多用语体正式的词

当词义相同时，建议使用语体庄重、正式的词，如表 5.8 所示。

表 5.8 建议使用语体庄重、正式的词

原词	建议的词	原词	建议的词
take in、take up	absorb	speed up	accelerate
put in	add	try	attempt
about	approximately	help	assist
carry	bear	careful	cautious
stop	cease	finish	complete
get together	concentrate	think about	consider
use up	consume	spread out	diffuse
find out	discover	same	identical
inner	interior	keep up	maintain
get	obtain	fill up	occupy
buy	purchase	take away	remove
enough	sufficient	use	employ、utilize

4）缩写词的使用

科技英语中常使用缩写词。缩写词一般由词组中每个词的首字母构成，例如 DDT (dichloro diphenyl trichloromethylmethane)、UFO(unidentified flying object)、COD (chemical oxygen demand)、API(American Petroleum Institute)、IBM(International Business Machine Company)、BP(British Petroleum Company)等。

缩写词有的全部大写，有的全部小写，有的则大小写兼用，例如 PE(polyethylene)、b.p.(boiling point)、bp(by-product)、Ph(phenyl)等。

缩写词在论文中第一次出现时，须注明缩写词全称及明确意义。

文献中姓名的缩写词，例如，单国荣最常用的是 Shan G R，当然也有 Shan G、Shan G.、Shan G. R.、Shan G-R、G Shan、G R Shan、G. Shan、G. R. Shan、G-R Shan 等多种形式。

文献中期刊名的缩写词，例如 Ind Eng Chem Res(Industrial & Engineering Chemistry Research)、IEEE Trans Power Electron(IEEE Transactions on Power Electronics)等。每一种期刊都有其特定的缩写词，研究生不可根据词义随意确定期刊名的缩写词，

可查阅 Web of Science 网站，获取期刊的标准缩写词。

5）英文中的数字

科技英语中数字的表达需遵循以下规则。

① 10 以下整数通常用英文词，例如 one、two、three 等，更大数字宜用阿拉伯数字。

② 物理量前用阿拉伯数字。

③ 同一句子或段落中有两个或两个以上数字比较，应统一用法。例如，“In the system, 5 of the 15 equipments are operated in the high pressure.”

④ 不能以阿拉伯数字作为句子的开始，应用英文数字开始。例如，“Twelve dada points were correlated with Antoine Eq.”当然也可以转变句型“There were 12 data points in the correlation with Antoine Eq.”

⑤ 英文数字范围的表达只能用“-”，不能用“～”。

6）常用名词作形容词

科技英语中还广泛地使用名词作形容词，例如 oxidation reaction mechanism 等。

5.13.2 科技英语的句法特点

科技论文的主要目的是讲述客观现象，介绍科技成果等。在语法结构上，科技英语大量使用被动语态，以使描述减少主观色彩，增强客观性；而且常隐去人称主语，以使句子更加简洁。例如，…was determined、have been employed、is used、was prepared、was required、was observed、was indicated、was tested…。除此之外，还经常出现下列特点。

① 多使用正式规范的书面动词替代具有同样意义的口语化的动词或动词短语。

② 大量使用名词或名词短语。

③ 大量使用非谓语动词短语及分词短语。

④ 用 it 作形式主语，替代后面 that 所引导的作为主句真正主语的从句，例如，“It appears that…”

⑤ 常用 it 作形式主语，替代句子后面作真正主语的动词不定式短语。

⑥ 常使用“It is (was) …that…” 这一强调句，例如，“It is heat that causes many chemical changes.”

⑦ 多用介词词组表示用什么方法、数据、资料、材料，及根据什么标准等。

⑧ 尽量少用有两个或两个以上从句的长句。

⑨ 较多使用动词非谓语形式(不定式)，例如，“Some molecules are large enough to be seen in the electronic microscope.”“The new method gives a series of equations to solve the problem.”“This equation is easy to answer.”

⑩ 尽可能用名词作定语，少用动词作定语，例如，用 measurement accuracy，不用 measuring accuracy。

⑪ 与中文要求一致，科技英语中的文字也要简练。为了简短而明确地表达某一概念

或事物，要尽可能删除不必要的文字，例如，“It is reported that…”“Extensive investigations show that…”“The author discusses…”等均可以略去；尽可能简化重复用字，例如，“at a temperature of 250－300 ℃”可简化为“at 250－300 ℃”，“at a high pressure of 200 kPa”可简化为“at 200 kPa”，“at a high temperature of 1 500 ℃”可简化为“at 1 500 ℃”，“…is discussed and studied in detail”可简化为“…is discussed”，“Not only…, but also”可简化为“and”，“…are analyzed and studied/discussed”可简化为“…are analyzed”，“…has been found to increase”可简化为“increase”，“From the experiment results, it can be concluded/seen that…”可简化为“The results show…”。这些简化在 abstract 中显得尤其重要，因为大多数科技期刊论文的摘要有字数限制，英文一般在 200～300 字以内。

⑫ 常常混用现在时和过去时态。表示长期规律用现在时，例如，“The enthalpy of ideal gas does not change with pressure”；表示论文目的也用现在时，例如，“This paper reports…”；表述作者观点、意见及研究总结时，用现在时；表示过去进行的实验、计算，用过去时；完成时、进行时在科技论文中很少出现。

⑬ 词句的重复出现或说明可以减少语言在传递过程中产生的歧义，使读者易于正确理解作者所要论述的客观事实或复杂的认识过程，体现科技英语的准确性。例如，“Many stories about the spread of AIDS are false. You cannot get AIDS working or attending with someone who has the disease. You cannot get it by touching drinking glasses or other objects used by such persons.”

⑭ 通过逻辑连接的运用，可以了解句子的语义联系，甚至可经前句从逻辑上预见后续句的语义，体现科技英语的逻辑推理性和严密性。例如，“Microsurgery is helping to solve all kinds of medical problems that had been thought hopeless. For example, doctors can use technique to restore blood flow to the brain to prevent strokes. And they can reopen parts of the reproductive system so some men and women who are not fertile can have children. Eye and ear doctors have used the techniques of microsurgery since the 1920s. But it was not until the early 1970s that doctors began to develop a better understanding of the possibilities of microsurgery.”

第6章 科技论文的格式和撰写

研究生学位论文和科技期刊论文的撰写格式稍有区别，但都包括前部、中部（或正文）、后部三个部分。因此，本章主要介绍研究生学位论文的撰写格式，期刊论文有不同之处会随时指出、补充。不管是研究生学位论文，还是科技期刊论文，全文格式统一（如单位、术语、大小写、缩略词、参考文献等）是最高准则。

对于研究生学位论文，建议采用 A4 纸版面，上下左右页边距各 2.5 cm、装订线 0.5 cm（双面打印，则奇偶页装订线位置左右不同）；文字采用小四号字、1.5 倍行距，全文全选后先设置为宋体（或仿宋）字体，再设置为 Times New Roman 字体（使字母、数字等使用 Times New Roman 字体）；一级标题采用三号字加粗体，二级标题采用小三号字加粗体，三级标题采用四号字加粗体，四级标题采用小四号字加粗体。一、二、三级标题前空一行（空行字号为小四号）。

6.1 前　　部

科技论文前部包括封面、题名或题目、作者及单位署名或承诺书、中英文摘要、关键词、文献标识码、目录等。

6.1.1 学位论文封面、中英文内页、独创性声明和版权使用授权书

研究生学位论文的封面、中英文内页、独创性声明和版权使用授权书按各培养单位规定格式书写，这些页面全部为单面打印，无页码和页眉。学术学位和专业学位研究生的学位论文封面格式稍有差别，但研究生学位论文的中英文内页、独创性声明和版权使用授权书格式均相同。

1）学位论文封面

图 6.1 和图 6.2 分别是浙江大学专业硕士研究生学位论文和学术博士研究生学位论文的标准封面，图中内容从上往下、从左到右依次说明如下。

分类号或中图分类号是指采用《中国图书馆分类法》对科技文献进行主题分析，并依照文献内容的学科属性和特征进行分类的分类代号。学术学位研究生的学位论文分类号可以按学科属性和特征进行选择。例如，化学类可以选择“O6”，环境科学可以选择“X”，交通运输可以选择“U”。工程类专业学位研究生的学位论文分类号必须以“T”（工

分类号：TQ 227.42　　　　单位代码：10335

密　级：　　　　　　　　学　　号：×××××××

浙江大学

硕士专业学位论文

中文论文题目：乙醇胺水淬灭法酯化合成牛磺酸及中试的研究

英文论文题目：Studies on Preparation and Pilot Plant Test of Taurine via Water-Quenching Esterification of Monoethylamine

申请人姓名：×××

指导教师：×××　教授

合作导师：×××　高工

专业学位类别：工程硕士

专业学位领域：化学工程

所在学院：化学工程与生物工程学系

论文提交日期：××××年××月××日

图 6.1　浙江大学专业硕士研究生学位论文标准封面

分类号：TQ316.33+4　　　　单位代码：10335

密　级：　　　　　　　　　学　　号：×××××××

浙江大學

博士学位论文

中文论文题目：油溶性引发剂引发细乳液聚合的动力学机理

英文论文题目：**Kinetic Mechanism of Miniemulsion Polymerization Initiated by Oil-Soluble Initiator**

申请人姓名：×××

指导教师：×××教授

专业名称：化学工程

研究方向：聚合反应工程

所在学院：化学工程与生物工程学系

论文提交日期：××××年××月××日

图 6.2　浙江大学学术博士研究生学位论文标准封面

业技术)开头,表 6.1 为工业技术各领域中图分类号分类代码,专业学位研究生学位论文应按相关专业学位领域选择二级类目代码。不管是何类研究生学位论文,分类号必须选取最能表达本篇学位论文的词,然后搜索具体的分类号,且中图分类号中的数字一般至少出现一个“.”。图 6.1 中最能表达这篇学位论文的词是“牛磺酸”,查中图分类号后应为“TQ 227.42”。

表 6.1 工业技术各领域中图分类号分类代码

工业技术领域	二级类目代码
一般工业技术	TB
矿业工程	TD
石油、天然气工业	TE
冶金工业	TF
金属学与金属工艺	TG
机械、仪表工业	TH
武器工业	TJ
能源与动力工程	TK
原子能技术	TL
电工技术	TM
无线电电子学、电信技术	TN
自动化技术、计算机技术	TP
化学工业	TQ
轻工业、手工业	TS
建筑科学	TU
水利工程	TV

单位代码是教育部为各高等学校编排的 5 位数代码,例如,浙江大学代码为“10335”,清华大学代码为“10003”。

密级是指该研究生学位论文的主题、研究方向、主要内容或成果是否涉及国家秘密,一般分为公开、秘密、机密三种。秘密和机密定密的时间不是在该论文提交时,而是在论文开题前根据所执行科研项目的密级定密,整个研究过程须涉密管理,且指导教师和研究生均以涉密人员进行管理。学位论文的主题、研究方向和内容等属于自发研究,没有涉密科研、生产项目或任务支撑,但相关内容泄露后会损害国家安全和利益,确须定密的,开题前应当按照要求,向培养单位的研究生教育管理部门提出学位论文定密申请(包括密级、保密期限和知悉范围等)。涉及培养单位技术转让或与企业合作开发,以及企业技术或商业秘密的,指导教师和研究生应在公开前自行对其学位论文进行保密处理(如关键配方或技术参数采用代号),或申请知识产权保护。

学号是指培养单位为每一位研究生分配的一个编号,在培养单位内具有唯一性,包含年份、学院、学位等信息。

封面上部中间位置是培养单位名称、徽标及学位信息，其中学位信息有“硕士学位论文”“硕士专业学位论文”“博士学位论文”“博士专业学位论文”四类。

中文、英文论文题目将在 6.1.2 节详细叙述，研究生应仔细核对中文和英文论文题目是否一致，中文论文题目是否有错别字，英文论文题目单词是否拼写错误等。

指导教师应填写职称，并在姓名和职称之间空 2 格。若有多位指导教师，可以添加横线。专业学位研究生必须双导师，合作导师必须是工程职称系列人员（高级工程师、教授级高级工程师）。

2020 年之前入学的专业学位研究生，其专业学位类别填工程硕士、工程博士等；2020 年及之后入学的专业学位研究生，专业学位类别填电子信息、机械、材料与化工、资源与环境、能源动力、土木水利、生物与医药、交通运输 8 个类别。专业学位领域均按化学工程、材料工程、电气工程等领域填写。学术学位研究生此处分别用“专业名称”“研究方向”代替，其中专业名称填二级学科名称，例如化学工程、工业催化、材料学、计算机系统结构等；研究方向填三级学科或更细小的研究方向名称，例如化学反应工程、聚合反应工程、铂金属催化剂、高分子复合材料、计算机读写接口等。

论文提交日期是导师同意送审该学位论文定稿的日期，一般至少比答辩日期早 1 个月。日期格式为“2020 年 3 月 5 日”或“二零二零年三月五日”，不能写成“二〇二〇年三月五日”。

2） 中英文内页

图 6.3 和图 6.4 分别是浙江大学研究生学位论文中文内页和英文内页，图中内容从上往下、从左到右依次说明如下。

送审后或答辩后均有可能再次修改论文题目，因此要注意中英文内页的中英文题目须与封面的中英文题目一致。

论文作者签名和指导教师签名须等答辩结束后，最终版本论文提交前，由研究生和指导教师亲笔签名，并扫描成 PDF 文件放入提交的最终版本论文的文件中。

论文评阅人和答辩委员会人员中文内页按“姓名　职称（工作单位）”格式填写，英文内页按“职称　名 姓（工作单位）”格式填写。例如，单国荣　教授（浙江大学化工学院），Professor　Guorong Shan (College of Chemical Engineering, Zhejiang University)。若是匿名评审，中文内页填写“匿名”，英文内页填写“Anonymity”。论文答辩结束后，最终版本论文提交前，填写完成上述信息，并扫描成 PDF 文件放入提交的最终版本论文的文件中。

中文内页答辩日期格式与封面相同。英文内页答辩日期格式如“March 5, 2020”。

3） 独创性声明和版权使用授权书

图 6.5 是浙江大学研究生学位论文独创性声明和版权使用授权书，图中内容从上往下、从左到右依次说明如下。

乙醇胺水淬灭法酯化合成牛磺酸及中试的研究

论文作者签名：________

指导教师签名：________

论文评阅人 1：________
评阅人 2：________
评阅人 3：________
评阅人 4：________
评阅人 5：________

答辩委员会主席：________
委员 1：________
委员 2：________
委员 3：________
委员 4：________
委员 5：________

答辩日期：________

图 6.3 浙江大学研究生学位论文中文内页

Studies on Prenaration and Pilot Plant Test of Taurine via Water-Ouenching Esterification of Monoethvlamine

Author's signature:________________

Supervisor's signature:________________

External Reviewers: ________________________

____

____

____

____

Examining Committee Chairperson:

____

Examining Committee Members:

____

____

____

____

____

Date of oral defence: ________________

图 6.4　浙江大学研究生学位论文英文内页

浙江大学研究生学位论文独创性声明

本人声明所呈交的学位论文是本人在导师指导下进行的研究工作及取得的研究成果。除了文中特别加以标注和致谢的地方外，论文中不包含其他人已经发表或撰写过的研究成果，也不包含为获得 **浙江大学** 或其他教育机构的学位或证书而使用过的材料。与我一同工作的同志对本研究所做的任何贡献均已在论文中作了明确的说明并表示谢意。

学位论文作者签名： 签字日期： 年 月 日

学位论文版权使用授权书

本学位论文作者完全了解 **浙江大学** 有权保留并向国家有关部门或机构送交本论文的复印件和磁盘，允许论文被查阅和借阅。本人授权 **浙江大学** 可以将学位论文的全部或部分内容编入有关数据库进行检索和传播，可以采用影印、缩印或扫描等复制手段保存、汇编学位论文。

（保密的学位论文在解密后适用本授权书）

学位论文作者签名： 导师签名：

签字日期： 年 月 日 签字日期： 年 月 日

图 6.5 浙江大学研究生学位论文独创性声明和版权使用授权书

答辩结束后，最终版本论文提交前，研究生和指导教师须在独创性声明和版权使用授权书上亲笔签名，签字日期不能早于答辩日期，并扫描成PDF文件放入提交的最终版本论文的文件中。

6.1.2 题名或题目

研究生学位论文或科技期刊论文的题名或题目应选择最恰当、最简明的词语，来反映论文中最重要的特定内容词语的逻辑组合，应避免使用缩略词、商品名、分子式等。题名或题目不宜超过25字。

题名或题目应避免使用重复、同义、近似的词语，减少形容词。例如，“新型乙烯氧氯化催化剂制备条件选择及优化”，其中“选择”和“优化”词义相近，可以删除一个，改为“新型乙烯氧氯化催化剂制备条件选择”或“新型乙烯氧氯化催化剂制备条件优化”。又如，“新型贵金属加氢催化剂选择性初步分析和研究”，形容词“初步”显得多余，“分析”和“研究”词义相近，可改为“新型贵金属加氢催化剂选择性分析”。

题名或题目要准确得体，不要太大、太笼统，也不要过于具体。例如，“新生物质能源的利用研究”，生物质能源是从太阳能转化而来的，通过植物的光合作用将太阳能转化为化学能，储存在生物质内部的能量，种类丰富，故“新生物质能源”太笼统。又如，“气液双循环法甲烷在水、甲醇、乙醇、丙酮及甲醇-乙醇、甲醇-丙醇、水-甲醇中15～70 ℃、0.5～10 MPa下溶解度测定和状态方程法计算”，该主题是甲烷在某些溶剂中的溶解度测定和关联，“气液双循环法”的修饰多余，仅甲烷即可；“水、甲醇、乙醇、丙酮及甲醇-乙醇、甲醇-丙醇、水-甲醇”列举过于具体，可以用“几种纯溶剂及混合溶剂”替代；“15～70 ℃、0.5～10 MPa”中温度比较正常，但压强高，可以用“高压”突出课题难度；最终改成“甲烷在几种纯溶剂及混合溶剂中高压溶解度的测定和关联”。

题名或题目仅由几个名词和形容词构成，不能成句。例如，“测定和关联甲烷在几种纯溶剂及混合溶剂中的高压溶解度”，此处的“测定”和“关联”是动词，构成句子，可改成“甲烷在几种纯溶剂及混合溶剂中高压溶解度的测定和关联”。

题名或题目必要时可加副标题，但副标题一般用于系列科技期刊论文，学位论文较少使用副标题。

题名或题目中科学名词要规范，尽可能不用化学式、公式、缩写符、商品名，各章节标题中也尽可能不用这类名词。例如，“JWEB 50在苯乙烯聚合中的应用”，JWEB 50是过氧化四碳酸四特丁酯的商品名，属于四官能度过氧化物。题目中若出现该类商品名，读者难以从题目中看出论文的主题，可改成“四官能度过氧化物在苯乙烯聚合中的应用”。

题名或题目应尽可能反映创新点和难度。例如，“四官能度过氧化物在苯乙烯聚合中的应用”，苯乙烯聚合一般采用单官能度过氧化物，若采用多官能度过氧化物引发剂，在提高聚合反应速率的同时，可获得相对分子质量较大的产物，大大提高聚合物的产率和性能，“四官能度过氧化物”体现了论文的创新点。

英文题名或题目须与中文一致,不定冠词可省略,一般不超过 100 个字符。例如,“The Study on the Preparation…”中的不定冠词均可以省去,改成“Study on Preparation…”。学位论文英文题目中的实词首字母大写。科技期刊论文对英文题名的大小写规定不一,应参照所投期刊的投稿须知或范文。

题名或题目在撰写学位论文或科技期刊论文前初定,写完初稿后,根据撰写内容再进行修改。

学位论文题目单独成页,并注明作者、单位等信息(参见 6.1.1 节);科技期刊论文题名格式参照所投期刊的投稿须知或范文。

6.1.3 作者及单位署名

学位论文在封面已经注明作者、单位等信息,本节主要讨论科技期刊论文的作者及单位署名问题。

作者及单位署名的作用是提供该科技期刊论文作者的联系方式,因此须使用真名,全体作者均须要对该科技期刊论文负责。

作者及单位在科技期刊论文中署名的条件是直接参与该论文的选题、设计、实验、计算、讨论和分析工作,仅参与部分工作的,可在致谢中提及。

作者在科技期刊论文中署名的顺序按贡献从大到小排列,第一作者是提出设想、进行主要研究工作、提出关键问题、负责论文撰写和定稿的人员。科技期刊论文的通信联系人也非常重要,仅次于第一作者。因需要后续联系,故通信联系人不能是研究生、博士后等流动人员。有的科技期刊论文需在论文首页的脚注部分提供第一作者和/或通信联系人的身份介绍,包括学位、职称、年龄和研究方向等信息。英文科技期刊论文投稿时,作者的姓名应符合英文习惯,名在前,姓在后,例如 Guorong Shan。

作者对相关的科技期刊论文只有著作权,科技期刊论文的知识产权属于署名单位。因此,当作者离开原单位,再利用原单位的实验数据撰写论文时,仍应该署原单位名称,但可以在论文首页的脚注部分标注作者现在的工作单位。作者有多个所属单位时,应以参加科研时所在的实际单位为第一单位,其他单位按参与情况依次排列,甚至不列。对于在职攻读研究生学位的学生,若相关学位培养单位要求其在毕业时以学位培养单位为第一单位发表科技期刊论文,则应在该作者姓名上注明两个单位,并以学位培养单位为第一单位;若没有要求,则应以参加科研时所在的实际单位为第一单位,学位培养单位为第二单位或不列。

6.1.4 中文摘要

摘要是论文简明的提要,是对论文的内容不加解释和评论的简短陈述,是一篇独立的、完整的短文。研究生学位论文的中文摘要须单独成页。

中文摘要由研究目的、研究方法、研究结果和研究结论四要素组成。研究目的是指研究工作的背景或者需要解决什么问题，只要一两句话即可，置于摘要之首。研究方法是指研究采取的路线、设备、手段、技术、材料、工艺，或测定及计算范围所依据的原理等。研究结果是指主要的实验或计算结果，包括观察到的重要现象和主要数据。研究结论是指基于事实和数据表达的简短总结，突出创新内容，但应避免夸张和空洞的词句，例如，“论文指出了……发展方向”“研究工作在……取得了重大成果”等语句应避免出现。

撰写中文摘要时须注意中文摘要的字数限制，硕士学位论文 700 字左右，博士学位论文 1 000 字左右，期刊论文 300 字左右。中文摘要力求精练，用最少的文字提供最多的信息；同时中文摘要也应体现独立性和全息性，即包含研究目的、研究方法、研究结果和研究结论四个要素。中文摘要也须排除主观因素，因此不能出现“我”“我们”“你们”“本人”“作者”“笔者”“本文”等主语，可用“论文”作为第三人称。中文摘要一般不分段，使用简单而直接的句子，不用长句，避免使用不必要的形容词。中文摘要以文字为主，缩略词、略称、代号等在中文摘要首次出现时必须加以说明，若这些缩略词、略称、代号等在中文摘要中只出现 1 次，则建议不使用缩略词、略称、代号等，直接使用全称。中文摘要不出现数学式、图、表、举例等，即使论文中提出了新公式，属创新内容，也尽可能用文字描述创新之处，避免出现公式。若无特殊理由，中文摘要一般不注文献，除非创新关键成果是否定他人文献。研究背景的详细材料在引言中叙述，中文摘要开头只要一两句话高度概括即可。中文摘要位于论文之首，但一般是在完成论文之后再撰写摘要。

6.1.5 英文摘要

英文摘要在叙述研究目的、规律、结论时用现在时，叙述实验过程及结果时用过去时，并尽可能用被动语态。英文摘要的一些冠词可以省略，例如，“Pressure is a function of the temperature”，不用“The pressure is…”。研究生学位论文的英文摘要（ABSTRACT）单独成页，内容与中文摘要一致，尤其是数据的个数与数值，中英文摘要须完全一致。

6.1.6 关键词

关键词是用于表达科技期刊论文或研究生学位论文主题内容的词语，一般有 5～7 个名词、动词或词组，不选用形容词。

选择的关键词应能准确反映整篇论文的内容、思想和方法。论文完成后再选关键词，可以先从题名中选择，然后再从摘要中选择，或者从章节标题和结论中进行选择。论文的关键词要规范且易被检索，但通用词不宜作为关键词，例如，研究、材料、表征、差异、计算、方程、分析等各类学科的通用词不宜选用；电气、电子、电机、频率、变电站、自动化、反应、分离、传热、流体、流动、焓、熵、逸度、活度、平衡、反应速率、热力学、动力学、氧化、状态方程、精馏、吸收等涵盖面过广的专业通用词也尽量不选用。为了准确表达论文主题，可在专业通用词前后加名词形成复配词，例如，可以用电气绝缘材料、变电站自动化系统、烷烃氧化、环境热力学、立方型状态方程、萃取精馏、共沸精馏、分子精馏、化学吸收等复配词作为关键词。

英文关键词应与中文关键词一致。

6.1.7 文献标识码

文献标识码是按照《中国学术期刊(光盘版)检索与评价数据规范》规定的分类码，其作用是对文章按内容进行归类，以便于文献统计、期刊评价，以及确定文献的检索范围、提高检索结果的适用性等。

文献标识码共5类：A——理论与应用研究学术论文(包括综述报告)；B——实用性技术成果报告(科技)、理论学习与社会实践总结(社科)；C——业务指导与技术管理性文章(包括领导讲话、特约评论等)；D——一般动态性信息(通讯、报道、会议活动、专访等)；E——文件、资料(包括历史资料、统计资料、机构、人物、书刊、知识介绍等)。

国内科技期刊的研究论文和综述论文的文献标识码都是A。中文期刊论文前部一般会标注文献标识码，但研究生学位论文不需要文献标识码。

文献标识码有别于“文献类型标志代码”(见6.3.1节)。

6.1.8 目录

目录是指学位论文正文前所载的章节标题和页码，起阅读指引作用。研究生学位论文中的目录一般编写至三级标题，即×.×.×，四级及更多级标题不进入目录。目录放在摘要后面，各级标题悬挂缩进后与页码左、右两端分别对齐，如图6.6所示。

目　录

致谢
摘要……………………………………I
ABSTRACT……………………………Ⅲ
目录……………………………………Ⅴ
1 前言…………………………………1
2 文献综述……………………………3
　2.1 多官能度过氧化物引发剂……………3
　2.2 高抗冲聚苯乙烯生产工艺和制备原理……5
　2.3 聚合过程中的相转变以及相结构……7
　　2.3.1 聚合过程中的相转变………………7
　　2.3.2 聚合过程中相转变的表征方法……8
　　2.3.3 聚合过程中相转变的影响因素……10
　　2.3.4 聚合过程中的相结构………………12

图6.6　研究生学位论文目录格式样例

科技期刊论文中除很长的综述论文外，一般不设目录。

6.1.9 日期、页码和排版

研究生学位论文封面最下面一行标注论文提交日期，表明该学位论文定稿并对外送审的日期。科技期刊论文的首页左下方有收稿日期、修稿日期等信息，分别表明编辑部收到该稿件的日期和最终修改稿的定稿日期。

研究生学位论文前部从中文摘要开始，页面的上方设置页眉，内容为“××大学硕士专业学位论文”或“××大学博士学位论文”，并居中。研究生学位论文前部从中文摘要开始页面下方设置页码，以大写罗马数字（Ⅰ、Ⅱ、Ⅲ、Ⅳ、Ⅴ、Ⅵ、Ⅶ、Ⅷ、Ⅸ、Ⅹ）或小写罗马数字（ⅰ、ⅱ、ⅲ、ⅳ、ⅴ、ⅵ、ⅶ、ⅷ、ⅸ、ⅹ）表示，并居中。研究生学位论文从第一章开始页码以阿拉伯数字表示。

研究生学位论文从中文摘要开始双面排版、打印，每章的起始页尽可能为奇数页。学位论文定稿后，可以通过将图表插入文本框的形式来节省版面，以及通过文字增减等方法来调节页面，使前一章排版尽可能在偶数页结束。这样既能使研究生学位论文版面紧凑，又能使学位论文不出现空白页。

6.2 中　部

科技论文的中部也称正文，包括引言、文献综述、实验（计算）方案及方法、结果与讨论（研究生学位论文中该部分可以分成多章）、结论。

6.2.1 引言

引言主要介绍研究工作的目的（原因或背景）、想要达到的目标，以及课题研究的大致情况，当前哪些问题尚未解决或需要进一步改进，由此引出科技论文的主要研究方向和工作重点。引言要回答“为什么要做”的问题。

从引言开始需要加注参考文献，尤其是产量、占比、水平评价、别人的观点、图表和数据等。

从引言开始，第一次出现缩写词需要说明，例如，“……甲基丙烯酸甲酯（MMA）……”之后，若没有再次用到这个缩写词，则应删除；若再次用到这个缩写词，则尽可能采用缩写词，以节省篇幅；缩写词只需在第一次出现时说明即可，不必反复说明。

研究生学位论文的引言一般为 2 000 字左右（2 页）；科技期刊论文的引言在 100 字左右或稍多些，且往往和文献综述结合在一起。

6.2.2 文献综述

文献综述是研究生在选题后，对课题所涉及研究领域的文献进行系统检索和阅读，并对文献进行选择、比较、归类、分析和综合，用自己的语言对选题的研究现状（包括主要学术观点、研究成果、研究水平、存在的问题及可能的原因等）、发展前景等进行的综合叙述，进而引申出自己的见解和研究思路。文献综述的重点是对所查阅文献的系统整理、归纳分析、综合评论，并提出研究思路，不是相关资料的“堆砌”。文献综述是回答“别人怎么做”和“我准备怎么做”的问题。

文献综述的作用：①尊重前人。所有科研工作都是在前人工作的基础上进行的，原始创新也是如此。②表明研究起点。高于文献综述的部分，即为自己研究工作的创新之处。例如，某催化反应的文献最高水平（收率、选择性、寿命）、电压控制的文献最高水平（电压值、频率、波动）等，这些文献综述表明研究工作起点，研究成果超出部分就是创新。③缩短篇幅。文献综述是总结性介绍，可以避免从头开始的叙述和推导等工作。

撰写文献综述时须注意：①专业起点。对同行都了解的概念、事实、方法不需要引入，专业起点要有一定高度。例如，化学工程专业就不必描述苯、甲醇等的分子结构。对非本专业的知识要适当降低起点，例如，土木工程专业将聚羧酸用于水泥减水剂，则需要介绍聚羧酸的结构、种类等其他专业的基础知识，进而引出选择的原则等。②文献时效。在归纳整理文献的过程中，尽可能引用和介绍近期水平较高的文献成果，早期历史一笔带过，避免出现大量老旧文献。③紧扣主题。研究生选题后会查阅大量文献，涉及选题的前后延伸内容或平行方案，以便更宽泛地了解课题，但撰写文献综述时必须紧扣课题内容，可不必涉及前后延伸内容或平行方案的文献。例如，乙烯氧氯化制二氯乙烷的催化反应课题，对于下一步二氯乙烷在高温裂解制氯乙烯的文献可以不提；同样，二氯乙烷也可通过乙炔与氯化氢反应制得，但这类文献也不是该论文综述的范围。④评述得当。文献综述中主要介绍前人文献的成果、特色、理论，但不是细节，更不是简单重复文献内容“是什么”，而是经综述作者整理、消化，经比较不同文献的内容之后，提出作者本人的看法。因此，文献综述最后要单独给出一节（课题的提出、研究思路或技术路线等），由此引出论文的具体做法。⑤篇幅合适。学位论文文献综述一般占正文（从引言到结论）的10％～25％。若超过正文的25％，文献综述的内容就太多了，相应的研究工作内容过少，给人研究工作不饱满、工作量不大的感觉；若低于正文的10％，文献综述的内容就太少了，给人查阅文献不足的感觉。⑥查漏补新。文献综述一般注有学位论文中大部分文献，重要文献或标志性文献不能遗漏；文献综述一般在开题时撰写完成，之后经历几年的研究阶段，直至研究生学位论文完成，在此过程中可能有新发现、新技术的出现，需要添加在文献综述中。

期刊论文由于篇幅限制，文献综述往往与引言放在一起，一般300字左右，高度概括和归纳最相近的、最新的前人工作。

文献综述部分，所有从别人的著作或任何形式的文字材料中移入或借鉴的观点、图、表、公式等，都需要标注出处（教科书除外），否则就是剽窃。例如，文献综述中引用别人的图表，即使在正文中标注了文献出处，在中英文的图题或表题最后仍须标注文献出处。

严禁混淆前人成果与本人工作的界限，将文献中的理论分析和推演甚至图表写入结果与讨论的各章中，这是学术不端行为。作为对比，可以将前人获得的最终数据、最终公式、推演过程中的关键假设等写入结果与讨论的各章中，但必须标注文献。

6.2.3　实验（计算）方案及方法

实验型论文主要包括实验路线（方法）的选择及其理论依据，实验设备或装置仪器的选择、建立、考核及使用，原料和试剂、分析和测试方法、控制方案，以及流程图、设备图等。计算型或理论型论文的重点是模型的建立，包括新模型的创立和旧模型的改进。模型建立过程中须说明理论基础的严谨性，并相应得出新的方法或公式。同时，为了验证方法的可靠性，要引入大量实验或文献数据进行考核。

实验路线（方法）的选择是研究水平和难度的根本标志，须充分论证，包括其优缺点及可行性。

已有的实验设备或装置仪器应说明出处、型号；自制的实验设备或装置仪器应说明设计思想和附图；改进他人的实验设备或装置仪器应注明原始文献、改进点。设备仪器操作方法若简单，则不必谈及操作过程（如 pH 计、分光光度计等仪器）；若比较复杂，则要指出关键步骤，但不宜过细。所用仪器设备需用标准物系进行考核标定，并将所得数据与标准数据、文献数据进行对比，验证所用仪器设备的可靠性。

原料和试剂应注明规格、纯度、生产厂家、处理方法或提纯手段。

研究所用的分析和测试方法，需要提供分析和测试设备的型号、规格，以及分析和测试条件（如色谱分析载气类型和流量、柱温、色谱柱、检测器等条件）。

化学反应需要指明反应控制条件（如配方、温度、压力等）。

在此部分还需将一些专业词汇的定义交代清楚，如转化率、收率、选择性的定义，一些参数的定义，误差的定义等；以及论文中所涉及物系的基本物理性质。

流程图、设备图等需要根据实际情况进行绘制。

所有类型研究生学位论文，都须体现创新。在对方案、方法充分论证，与文献方法充分比较的前提下，体现论文的新意及难度。论文的可靠性也在此部分体现。

期刊论文由于篇幅限制，可选择部分内容进行撰写，主要是方法的选择。

6.2.4　结果

进行测定、计算和分析后，会出现大量定性结果（如色彩、形状、相态的变化，照相图形等）和定量结果（数据）。

定性表达能提供更多直观现象，但相似图像不一定全部列出，只要选择有代表性的、能表示其变化过程的关键图像即可。

定量表达的实验数据一般用图或表来表示，计算型论文不要列出过密的计算值，可选择有代表性的、能表示其变化过程的关键数据制成图或表，避免文本过大。要重视图、表的制作规范(参见第 5 章)。制图或制表时,不同影响因素要层次分明;同一影响因素在不同图、表之间要一致,避免相互矛盾。定量实验结果的中间或运算数据不必列入论文,如某一反应的实验中,得到大量转化率、收率、选择性等数据,但论文中不必提供原始分析数据。定量实验结果应充分表达,深挖数据背后隐含的规律和应用价值。例如,在一放热反应的实验中,得到大量不同条件下反应时间-转化率之间的关系曲线,然后进行一阶求导,得到反应时间-反应速率之间的关系;在其他条件不变的情况下,可以单因素分析反应速率与变量之间的关系,进而得到反应速率的数学表达式;通过反应时间-反应速率之间的关系可以进一步得到反应时间-反应放热量之间的关系,进而求得最大放热量,以指导反应器的传热面积设计等。

论文中的保密性数据自行决定是否列出。常用保密处理方法是将配方、组成、溶剂名称等用符号代替,关键的工艺参数也可用符号代替,但论文中应尽可能少地出现上述保密符号。应注意,虽使用保密符号,但不能降低论文的真实性。也可以采用先申请专利保护,再撰写研究生学位论文或期刊论文的方式解决,学术水平较高的期刊一般不接收经保密处理过的论文。

6.2.5 讨论

结果仅提供现象和数据,而研究生学位论文和期刊论文需要展示变化规律,论文的讨论部分就是寻找和阐明这些规律。结果和讨论可以放在一起撰写,研究生学位论文的结果和讨论可以分多章进行阐述。

讨论中,可以将论文与文献报道的现象和数据作对比,指出相同和不同之处,并分析其原因,常常可借分析过程指明论文的创新性。论文与文献测定(或计算)范围的对比,也能体现出创新点。实验或计算结果的误差分析和讨论,能进一步校验实验或计算方法的可靠性和精度。基于各种因素(变量)对研究目标(因变量)的影响进行原因分析,得到规律性结果,进一步优化各种工艺参数的设置,为实验或计算结果的应用提供最优方案。

实验结果的理论分析,要讨论前人理论能否解释论文中的现象和规律,不一致处要说明。若能提出新的理论或概念,或对原有理论进行改进则是更高学术水平的反映。论文实验值的关联,包括模型的选择、新方程的提出、方程的修正、关联误差分析等也能体现出论文的创新之处。计算型论文最主要的是计算(或估算)模型及相应方程的建立和计算(估算),并与文献方法进行比较,特别是误差的比较。

在讨论部分,要注意提出论点、展开论据进行论证,可以采用类比、推理等方法,但须符合逻辑推断和适用范围。

6.2.6 结论

结论部分是全文的总结,是正文叙述的最后部分。结论不是各部分内容的浓缩或堆砌,更不是各章小结的加和。结论需要给出确切的定性和定量结果。

结论与摘要一样，只涉及自己的工作，简洁明了，不标注参考文献，不列图表，一般情况下不写计算式和反应方程式，不对自己工作进行评价。但是结论与摘要须有不同之处，结论不是摘要的简单重复；结论不需要叙述论文目的和背景，直接为“通过研究，得到以下结论”；摘要不分段，结论要分点、分段表达；结论中可提供更多实验数据，而摘要中只提供关键数据（以催化反应为例，摘要中提供了收率和选择性，在结论中还可以提供催化剂寿命、副产物分布、反应前后催化剂的变化及其表征结果等）。研究生学位论文可以在结论部分加入2～3条论文的创新点，甚至还可加入一些建议及对今后工作的展望（期刊论文的结论部分无须创新点、建议和展望）。

6.3 后　　部

研究生学位论文的后部主要包括参考文献、符号表、附录、致谢、个人和导师信息等，其中参考文献为必需部分。

6.3.1 参考文献

参考文献是指为撰写或编辑科技论文和著作而引用的文献信息资源。参考文献的引用是尊重科学、尊重他人研究成果的表现。研究生引用的参考文献应该是研究生阅读过的、有价值的、已发表的正式出版物上的技术资料。引用和编撰参考文献过程中，应确保文献作者、题目、期刊名、年卷期、起止页码等信息的准确性。

参考文献引用和编撰应遵照国标GB/T 7714—2015《信息与文献　参考文献著录规则》的要求。国标规定了统一的文献类型标志代码，如普通图书或专著（M）、会议录（C）、汇编（G）、报纸（N）、期刊（J）、学位论文（D）、报告（R）、标准（S）、专利（P）、数据库（DB）、计算机程序（CP）、电子公告（EB）、磁带（MT）、磁盘（DK）、光盘（CD）、联机网络（OL）等。注意区别文献类型标志代码和文献标识码（文献标识码见6.1.7节）。研究生学位论文的参考文献必须标注文献类型标志代码，其位置在文献题目的后面。

1）参考文献在正文中的标注

论文中所涉及的全部参考文献都必须在正文中标注。研究生学位论文中的大部分参考文献出现在引言和文献综述中，方法和讨论部分相对较少。方法和讨论部分可适当引用文献，但应避免大段引用文献的解释、公式推导，甚至文献图表等，否则属于学术不端行为。

参考文献按照在科技期刊或研究生学位论文中首次出现的先后顺序用阿拉伯数字连续编号（称文献序号），研究生学位论文建议采用该标注方法。参考文献也可使用“著者　出版年制”形式进行标注，即按第一作者姓和出版年份标注，姓和出版年份加括号，例如（Black 2018）、（Ray 2014）。

参考文献的引用包括原文引用和原意引用。引用参考文献中的原文时，必须加引号。例如,×××[×]指出:“题名是以最恰当,最简明的词语反映报告、论文中最重要内容的逻辑组合。”此处引号内的文字就是原文引用。

参考文献的标注形式主要有两种。一种是方括号上角码标注,注在作者后或内容后,出现作者姓名的优先注在姓名后面。例如,“Takeda 等[××]和 Li 等[××]报道了盐水溶液中的沉淀聚合制备水溶性阳离子聚合物的方法。”又如,“由于有机溶剂的链转移作用,沉淀聚合得到的聚丙烯酰胺相对分子质量较水溶液聚合得到的低,但分布较窄[××]。”另一种标注形式是直接正文标注。例如,“从溶解度参数的角度分析盐水溶液中沉淀聚合体系的形成原理可参见文献[××-××]。”同一内容,有多篇参考文献时,文献序号按顺序写在同一方括号内,各序号间用英文逗号隔开,逗号后无空格,例如[1,2]、[1,4]。如果是连续序号,则标注起止文献序号即可,中间用短横线连接,例如[8-11]、[7,10-13]。同一论文中可多次引用同一篇参考文献,其文献序号不变。

参考文献是外文,正文中引用作者姓名时,外国人的名字不需要译成中文,也不需要写出作者的全名,只需写出与参考文献同种文字的姓即可,即使是中国人发表的外文文献也是如此。例如,“Reichert 等[×]很早就开始了丙烯酰胺分散聚合动力学的研究,得到的转化率-时间曲线为 S 型,且表现出很强的凝胶效应。”又如,“Lü 等[×]详细研究了聚乙二醇水溶液中丙烯酰胺的双水相聚合,并提出了完整的液滴形成及生长机理。”若参考文献是中文,正文中引用作者姓名时,须写出作者的姓和名。例如,“单国荣等[×]根据反应机理,将这种基于双水相体系的分散聚合定义为一种新的聚合方法,即‘双水相聚合’。”

2) 参考文献的选用

选用参考文献时应注意以下几个问题。

① 研究生学位论文的参考文献均须来自一次文献。一次文献是指人们以自己的生产、科研、社会活动等实践经验为依据撰写的文献,也常被称为原始文献或一级文献。百科全书、教科书不是一次文献,其内容均来自其他文献,故百科全书、教科书等不能作为研究生学位论文的参考文献。

② 引用著作须慎重,应引用权威性著作。对于早年专著,如近年专著已能覆盖的,则选用近年专著;近年没有相关专著,无法替代时,则仍选用早年专著。

③ 尽可能引用新文献,特别是不能遗漏近 5 年内的重要新文献。

④ 若主要论点、理论、模型或方程已为本专业领域所熟知,研究生学位论文可不必再引用原始文献。例如,19 世纪提出的范德瓦耳斯方程、麦克斯韦方程组,虽然这些方程的提出是非常重要的历史事件,但提到这些方程或方程组时不必引用原始文献。

⑤ 研究生学位论文中所引用的参考文献必须是研究生自己认真阅读过的,不宜从其他文献或著作中转引,以免有误。

⑥ 研究生学位论文中尽量少用或不用读者难以获取的材料。例如,查找学位论文相对较为困难,尽可能用该学位论文作者已发表的相同内容的期刊论文代替;会议论文也尽可能避免引用;其他内部资料更不能作为参考文献引用;若日、俄、德、法等语种的文献

有相应的英文文献，则尽可能引用英文文献。

⑦ 国外期刊的参考文献中偶尔还会出现“私人通信”，在研究生学位论文中基本不采用该类特殊“文献”。

3）参考文献著录规则

参考文献著录时，不论何种语言，标点符号均为半角字符。参考文献是什么语种，著录时就用什么语种。参考文献著录时须两端对齐。

参考文献的形式多种多样，其著录规则各有不同。下面分别就期刊、专著、学位论文、专利、电子文献、技术标准等文献的著录规则进行详细介绍。

（1）期刊文献著录规则

参考文献中最多的就是学术期刊论文。学术期刊是连续出版物，著录顺序是：全体作者的姓和名、论文题目、文献类型标志代码、期刊名、年、卷、期、起止页码。期刊文献著录时还应注意下述几点。

正确使用外文作者的姓和名，避免颠倒（可参见 Web of Science 网站中作者的姓和名）。中国人发表的英文论文作为参考文献时，作者名字是两字或多字的应著录两个或多个字的缩写字母，例如，“单国荣”的英文作者姓名著录时应该写成“Shan G R”，不能写成“Shan G”，前者出现的概率是后者的二十七分之一。汉字中的“吕”姓，著录时应该写成“Lü”，不能写成“Lu”或“Lv”；德国人和荷兰人姓名中若出现 ö、ü、ä 等字母，字母上面两点不能省略；法国人姓前的冠词 le、la、les，前置词 de、de la、des 等应置于姓前，例如 de Gennes P G；德国人的封号也在姓前，例如 van der Waals；西班牙人的姓名包括父母的姓，例如 Franco-Bahamonde F。在最后一个作者名之前，一般不加“and”（少数期刊需要）。多于 3 个作者时，可以用“*et al*”（注意是斜体）或“等”代替之后的作者，也可列出全部作者，但须全文统一。在最后一个作者名之后，加英文的“.”（半角字符）表示作者部分结束，整条文献结束后加英文的“.”，表示整条参考文献结束，少数期刊不需要。

研究生学位论文的参考文献必须写出文献题目（少数期刊不需要），英文文献的主副标题首词的首字母为大写，其余均为小写。

期刊名可缩写（不加缩写点，少数期刊加缩写点），也可全称，但须全文统一。绝大多数期刊是一年一卷，少数期刊是一年多卷。研究生学位论文在期刊文献著录时应先写年，再写卷、期、起止页码（有的期刊没有卷或期，则也可不写），起止页码间用短横线“-”连接，不能用“～”；有的期刊文献不使用页码，只有文章编号，则用文章编号代替起止页码。

研究生学位论文参考文献中期刊文献著录举例如下。

[1] Bokias G, Vasilevskaya V V, Iliopoulos I, Hourdet D, Khokhlov A R. Influence of migrating ionic groups on the solubility of polyelectrolytes: Phase behavior of ionic poly(*N*-isopropylacrylamide) copolymers in water [J]. Macromolecules, 2000, 33(26): 9757-9763.

[2] Lü T, Shan G R. Modeling of two-phase polymerization of acrylamide in aqueous

poly(ethylene glycol) solution [J]. AIChE Journal, 2011, 57(9): 2493-2504.

[3] da Silva L H M, Meirelles A J A. Phase equilibrium and protein partitioning in aqueous mixture of maltodextrin with polypropylene glycol [J]. Carbohydrate Polymers, 2001, 46(3): 267-274.

[4] Harris P A, Karlström G, Tjerneld F. Enzyme purification using temperature-induced phase separation [J]. Bioseparation, 1991, 2(4): 237-246.

[5] 单国荣，曹志海，黄志明，翁志学. 聚丙烯酰胺-聚乙二醇-水体系相图及丙烯酰胺单体在两相中的分配 [J]. 高等学校化学学报，2005，26(7)：1348-1351.

期刊论文中参考文献的著录规则与研究生学位论文中的大体一致，但有的期刊参考文献中年、卷、期的写法不同，参考文献格式应根据所投期刊的要求进行著录。

（2）专著文献著录规则

专著是以单行本或多卷册形式，在限定的期限内出版的非连续出版物，包括以各种载体形式出版的普通图书、古籍、会议论文集、汇编、丛书、技术报告等。专著文献著录规则是：全体作者的姓和名、书名、版本、文献类型标志代码、出版地、出版社名称、出版年份。专著文献著录时还应注意下述几点。

专著文献书名题目中所有实词的首字母大写，以区别于期刊文献。系列丛书要列出总书名及分册名。有的专著是主编邀请很多人撰写的各章，若引用其中一章内容，则此章的作者和题目与期刊文献著录规则类似，而专著书名、出版地、出版时间等与专著文献著录规则类似，并体现主编的姓名。

国外专著有几个出版地，可选其中一个。国外出版社的名称可简写，例如，“John Wiley & Sons”可按习惯简写为“Wiley”；中文出版社的名称要写全称，例如，“化学工业出版社”不能写成“化工出版社”。

在研究生学位论文中，普通图书可以写引用页码，也可不写。若引用同一本书的多处内容，则可作为同一篇文献，多注几个页码即可。

会议论文集作为参考文献时，著录方法与普通图书大致相同，只是需要补充主编、会议地点、时间等信息，但论文题目的著录方法与期刊文献一致。

研究生学位论文参考文献中专著文献著录举例如下。

[6] 单国荣，杜森，尚玥. 本体聚合 [M]. 北京：化学工业出版社，2014.

[7] David C Y. Computational Chemistry: A Practical Guide for Applying Technique to Real-World Problems [M]. New York: John Wiley & Sons, 2001.

[8] Shan G R, Cao Z H. Polymeric nanocapsules by interfacial miniemulsion polymerization. In: Miniemulsion Polymerization Technology (Ed by Mittal V) [M]. London: Scrivener Publishing LLC, 2010.

[9] Colle C C A. A short tutorial on evolutionary multiobjective optimization. In: Proceedings of the First International Conference on Evolutionary Multi-Criterion Opti-

mization（Ed by Zitzler E，Deb K，Thiele L）[C]. Zurich：Springer，Switzerland，2001.

（3）学位论文文献著录规则

学位论文是作者为获得某种学位而撰写的研究报告或科学论文，表明作者从事科学研究取得创造性的结果或创新见解，一般分为学士学位论文、硕士学位论文和博士学位论文。其中学士学位论文一般不作为参考文献，硕士学位论文和博士学位论文可作为参考文献。学位论文文献著录规则是：学位申请者的姓和名、题目、文献类型标志代码、地点、单位和学位类别（必须标注硕士还是博士学位论文）、年份。

研究生学位论文参考文献中学位论文文献著录举例如下。

[10] 尚玥. 油溶性引发剂引发细乳液聚合的动力学机理 [D]. 杭州：浙江大学博士学位论文，2013.

[11] 李志丹. 四官能度过氧化物在高抗冲聚苯乙烯制备中的应用 [D]. 杭州：浙江大学硕士学位论文，2016.

（4）专利文献著录规则

专利文献是记载发明创造内容的专利说明书。专利文献著录规则与其他文献差异较大。专利文献著录规则是：所有发明人、专利题目、文献类型标志代码、国别、专利号、申请日期（特别重要）。

研究生学位论文参考文献中专利文献著录举例如下。

[12] 单国荣，尚玥，潘鹏举. 一种碳中心自由基的测定方法 [P]. 中国发明专利 CN 201410161477.8，2014-04-21.

[13] Gartner H A. Process for the production of high molecular weight copolymers of diallylammonium monomers and acrylamide monomers in solution [P]. US 5110883，1992-05-05.

（5）电子文献著录规则

随着科技的进步，电子文献越来越普及。电子文献是以数字方式将图形、文字、声音、影像等信息存储在磁、光、电介质上，通过计算机、网络或相关设备使用的记录知识内容的文献信息资源，包括电子书刊、数据库、电子公告等。电子文献的著录规则是：所有作者、题名、文献类型标志代码或文献载体标志。

研究生学位论文参考文献中电子文献著录举例如下。

[14] 王明亮. 关于中国学术期刊标准化数据库系统工程的进展 [EB/OL].

（6）技术标准文献著录规则

技术标准是对标准化领域中需要协调统一的技术事项所制定的标准，是根据不同时期的科学技术水平和实践经验，针对具有普遍性和重复出现的技术问题，提出的最佳解决方案。技术标准包括标准、规范和标准图样。技术标准文献的著录规则是：标准代号、标准顺序号、发布年、标准名称。

研究生学位论文参考文献中技术标准文献著录举例如下。

[15] GB/T 7714—2015,信息与文献 参考文献著录规则.

全部参考文献著录完后,研究生需要再次检查,全文参考文献格式统一是著录参考文献的基本要求。

6.3.2 符号表及插图和表的总表

如果论文中使用了大量的公式及相应的符号、标志、缩略词、专门计量单位、自定义名词和术语等,为方便读者阅读,可在结论之后、参考文献之前编写符号表。研究生学位论文中的符号表也可放在目录之后、引言之前。符号表一般先列出英文符号,按英文字母顺序排序;然后再列希腊字母符号,按希腊字母顺序排序;最后是上下标说明,按照数字、英文字母、希腊字母顺序排序。符号表为科技论文非必要部分。若论文中的符号和公式较少,则可不设置符号表,只需在正文中标注清楚即可。对设有符号表的论文,正文中首次出现某一符号时,也应说明符号的意义。

如果论文中有大量图表,则可在符号表后附上全文图题和表题的总清单。研究生学位论文中的插图和表的总表可放在符号表之后、引言之前。插图和表的总表为科技论文非必要部分,可以不设置。但即使不设置插图和表的总表,研究生也应在学位论文定稿前,将插图和表的总表单独列出,核对有无图表漏编或多编。

6.3.3 附录

论文中不便记录的研究资料、数据图表等可作为附录附于文末。附录是对论文主体内容的补充,为非必要部分。编制附录的原则是:一般读者不需要详细了解的内容,即非必读素材;过于繁杂的内容;与本专业相差较远的内容。例如,重要的原始实验值,计算型论文中所收集或评价的大量文献数据,复杂的数学推导过程或理论依据,重要的计算程序,有代表性的红外吸收光谱、核磁共振波谱、表面能谱、X 射线衍射等原始谱图,重要的计算实例等。

附录的编排一般以大写正体英文字母 A、B、C……为序号,如附录 A、附录 B、附录 C……若一个附录中内容多、层次多,则可采用层次排序法,附录的章节序号前带有附录序号字母,字母后加小圆点,顶格编排。如附录 A 中的 A.1、A.2、A.3 等。附录章节标题编写原则与正文标题相同。

附录中的插图、表、公式、参考文献等的编号与正文分开,另行编制,如"图 A1""表 B2""式 E3""文献[A4]"等。

附录与正文连续编制页码。若有多个附录,则每个附录均需另起一页编排。

6.3.4 致谢

致谢不是论文的必要组成部分。研究生学位论文的致谢可放在参考文献之后,也可以放在版权页后、中文摘要之前。致谢包括对在完成论文过程中给予帮助的有关人员（如对论文进行指导、在性能测试及表征过程中起作用的工作人员，在技术上、方法上给予支持和帮助的人员，提供实验条件、资料、信息等的同行和朋友等）的感谢，也应感谢各种财政上的资助（如国家及省部级基金的支持等）。

国内期刊论文一般将经费支持置于首页底部，国外期刊论文的致谢一般置于文末，两者均需标明与论文研究内容相关的基金名称及资助号。

致谢的言辞应诚恳朴素，实事求是，不能包含迷信的内容。

6.3.5 个人和导师信息

研究生学位论文的最后应提供个人和导师的信息。个人信息包括本人的教育经历、攻读学位期间的研究成果和奖励等；导师信息包括导师研究经历、研究方向、科研成果和奖励的概述性信息。专业学位研究生实行双导师制，除了提供学术导师的信息外，还需提供企业导师的上述信息。

6.4 科技论文撰写技巧

撰写科技论文离不开科学、文学和美学。没有科学就没有科技，没有文学就不能写好论文，没有美学就不可能编排好章节、公式和图表。因此，科技论文＝科学 ＋ 文学 ＋ 美学。科学、文学和美学的功底需要日积月累。掌握写作规则并不难，但积累写作技巧很难。写作技巧是长期积累的写作经验，只有不断写作实践，才能提升写作水平。

6.4.1 编制写作提纲

从研究生学位论文的结构看，题目好比树干，章好比大树枝，节好比大树枝上长出来的小枝杈。因此，研究生学位论文各章之间必然有逻辑关系，要么串联，要么并联，要么串并联混合，串起各章的主线就是学位论文的题目。论文题目确定后，要编排论文的章节提纲，章不宜过小，节不宜过细。有提纲写作可以做到突出重点，平衡协调，严谨周密。无提纲有可能会丢三落四，杂乱无章。研究生学位论文严禁无提纲撰写。

研究生学位论文要重点突出，关键内容应给出最大的写作权重，不能按照研究顺序编写流水账。对于研究型科技论文，在研究项目开题时，就应编写论文提纲，使论文的编写工作与研究项目同步进行。随着研究工作的进展，可以对提纲进行反复修改。

科技论文的提纲主要采用目录式提纲，即以科技论文的章、节标题为基础，并进一步添加内容的写作提纲。目录式提纲可粗略可详细。撰写研究生学位论文时，在章、节、条、款的标题下，最好注明写作要点，并标注撰写的权重和计划页数。

以“乙醇胺水淬灭法酯化合成牛磺酸及中试的研究”为例，研究生学位论文写作提纲举例如下。

1 前言(约 2 页)

2 文献综述(约 16 页)

2.1 牛磺酸简介

2.2 牛磺酸的功能和应用

合成与代谢、生理功能、主要应用

2.3 牛磺酸的合成方法

合成方法分类、工业化主要合成方法比较

2.4 硫酸氨基乙酯的性质、合成和用途

硫酸氨基乙酯的结构与性质、硫酸氨基乙酯的合成、由硫酸氨基乙酯合成牛磺酸

2.5 本文研究思路和研究内容

3 实验部分(约 6 页)

3.1 主要试剂

3.2 主要实验仪器

3.3 硫酸氨基乙酯与牛磺酸的合成

反应原理、实验步骤

3.4 硫酸氨基乙酯表征与检测

硫酸氨基乙酯的鉴别、游离酸含量、硫酸氨基乙酯含量、干燥失重、溶解度测定

3.5 硫酸氨基乙酯的稳定性研究

4 水淬灭法酯化反应研究(约 16 页)

4.1 酯化反应方法的选定和验证

水淬灭酯化反应方法的选定、水淬灭酯化反应方法的验证

4.2 水淬灭法酯化反应条件的选择

反应物化学计量比、淬灭反应加水量、硫酸浓度和乙醇胺浓度的选择、反应温度

4.3 水淬灭法制得硫酸氨基乙酯的表征和检测

硫酸氨基乙酯的表征、硫酸氨基乙酯液相色谱检测

4.4 水淬灭法制得硫酸氨基乙酯的稳定性

4.5 本章小结

5 水淬灭法制得硫酸氨基乙酯磺化反应研究(约 14 页)

5.1 各物质溶解度、水解度及氧气的影响

各物质溶解度的影响、硫酸氨基乙酯和亚硫酸钠的水解问题、生产用水和空气中氧气的影响分析

5.2 水淬灭法制得硫酸氨基乙酯磺化反应
反应温度的影响、搅拌的影响、溶液 pH 的影响、反应物配比与浓度的影响、反应时间的影响
5.3 本章小结
6 水淬灭法酯化合成牛磺酸生产中试(约 20 页)
6.1 水淬灭法酯化合成牛磺酸中试目的
6.2 水淬灭法酯化合成牛磺酸中试工艺流程
中试生产工艺流程图、中试设备流程图
6.3 水淬灭法酯化合成牛磺酸中试设备选型与车间平面布置
中试设备选型、车间平面布置
6.4 水淬灭法酯化合成牛磺酸工艺控制点与操作规程
工艺控制点的确定、安全技术和安全操作规程、中试作业指导书
6.5 水淬灭法酯化合成牛磺酸中试结果与讨论
中试硫酸氨基乙酯的表征、水淬灭法和炒干法制得硫酸氨基乙酯的比较、中试产品牛磺酸的表征和质量检测
6.6 水淬灭法酯化合成牛磺酸生产成本核算
主要原材料消耗定额、中试牛磺酸生产成本
6.7 本章小结
7 结论(约 2 页)

写作提纲是论文目录的细化,目录中只列出章节层次,但提纲中要列出章节及其下扩层次的内容。

6.4.2 行文简明规范

科技论文是总结科研工作的书面资料,准确地将科研工作与科研表达融为一体,简明扼要地阐述创新内容,才能写出高质量的科技论文。如何简明规范行文,须做到下述几方面。

1) 重点突出

撰写科技论文时要简化基础知识和常识性描述,详述研究工作的创新性内容,并尽可能上升到理论高度。

作为研究生学位论文,其引言和文献综述部分不能超过全文(从引言到结论)的四分之一。

2) 条理清晰

研究生学位论文的写作要做到条理清晰,必须理顺章、节、段、句之间的关系。撰写时要注意章与章、节与节、段与段、句与句之间的逻辑关系。

章节之间的关系在撰写论文前须列出相应的论述顺序，并反映在写作提纲中。章与章、节与节之间应有衔接，避免章节间过渡生硬。章首语又称悬置段，是位于章题下、首节前的简短陈述，其作用是交代本章内容的来龙去脉。章首语中应提到各节的内容，使章与节之间有序转换。转换句是节与节、节与条、条与款等层次间转换时的关联句，使论文从上一层次自然地转入下一层次。

段与段之间的叙述要有逻辑连贯性。例如，介绍如何测试材料的性能，首先撰写测试的原理，然后叙述测试系统，接着描述测试得到的数据，并对数据进行处理和分析，最后通过定量的数据对材料的性能进行评价，指出存在的应用领域。该示例中的逻辑顺序为：原理、系统、数据、分析、评价、应用，段落编排合理。科技论文一般不采用倒叙法。

3）字句斟酌

科技论文讲究字句严谨，尽可能进行定量论述，尽量不用或少用“可能”“大概”“差不多”“估计”“也许”“约”“左右”等不定量描述词。

科技论文用词欠妥或表达不当时，会产生歧义，误导读者。例如，“水凝胶受力形变时，两个网络之间的氢键作用可以增加相互作用和裂纹成长过程。”句中，“氢键作用可以增加相互作用”是正确的，但是之后的“氢键作用可以增加裂纹成长过程”则是原理性的错误，可改为“水凝胶受力形变时，两个网络之间的氢键作用可以增加相互作用，并阻碍裂纹成长过程”。科技论文中的数字表述比较敏感，需要准确表达，以免出现歧义。例如，“在一个盘形空气分布器中，平行排列着长短不一的 12 根支管，4 个象限各排列 6 根支管。”此句表达不确切，会让读者误认为“$12\div4=6$”或“$4\times6=12$”。为避免误解，可用示意图说明，或者改为“在一个盘形空气分布器中，平行排列着长短不一的 12 根支管，4 个象限各排列 6 根支管的一半”。科技论文中一般不加入诗情画意般的描写，以防歧义。例如，“晴空万里，阳光普照，600 kt 乙烯生产装置一次开车成功。”其中“晴空万里，阳光普照”的潜台词是气候适宜，装置开车条件良好，若环境条件变化，装置开车还能成功吗？故应删除“晴空万里，阳光普照”这些描述词。

科技论文应做到行文流畅，读了前句，可知后句。在科技论文中，长话短说是实现行文流畅的重要手段。“长话”易导致文理不清，读者须前后反复阅读，才能理解句意。因此需要变复句为单句，同时要精简辅助用词，采用最简表达。例如，“机械共混法是生产高抗冲聚苯乙烯较为简便的方法。高抗冲聚苯乙烯机械共混法主要生产过程包括聚苯乙烯和橡胶乳液的机械混合、破乳、干燥。经过混合、破乳、干燥这些步骤，最后制得高抗冲聚苯乙烯产品。”句中的“高抗冲聚苯乙烯机械共混法”前后重复，“经过混合、破乳、干燥这些步骤”也不必重复，可以将上述 3 个复句改写成单句“机械共混法是生产高抗冲聚苯乙烯较为简便的方法，其主要生产过程包括聚苯乙烯和橡胶乳液的机械混合、破乳、干燥，最后制得高抗冲聚苯乙烯产品”。

有的单句过长，难达词意，则可以将单句变为复句，简单易懂。例如，“××模型认为水凝胶中的水有以通过氢键作用与凝胶网络中极性基团结合的结合态水、与凝胶网络间形成较弱相互作用的中间态水和热力学行为与本体水相似的游离态水三种形态。"这是一个单句,但过于复杂,很难看懂。句子的主体是"××模型认为水凝胶中的水存在三种形态",中间插入三个并列短语,显得冗长。对于这类含义比较复杂的单句,可改写为"××模型认为水凝胶中的水存在三种形态:结合态水、中间态水和游离态水。结合态水通过氢键作用与凝胶网络中极性基团结合;中间态水与凝胶网络间形成较弱的相互作用;游离态水的热力学行为与本体水相似"。甚至可以对并列短语进行进一步的解释,使人更容易理解,可进一步改写为"××模型认为水凝胶中的水存在三种形态:结合态水、中间态水和游离态水。结合态水通过氢键作用与凝胶网络中极性基团结合,因此很难在凝胶中自由移动;游离态水的热力学行为与本体水相似,可在凝胶中自由扩散,与聚合物网络的作用最弱;中间态水介于二者之间,与凝胶网络间形成较弱的相互作用"。

科技论文中的辅助用词、关联词要尽可能少用,也不要添加无用词汇拉长句子。例如,"高抗冲聚苯乙烯机械共混法生产过程包括如下步骤,首先是聚苯乙烯和橡胶乳液的机械混合,然后是破乳,再进行干燥,最后制得高抗冲聚苯乙烯产品。"句中"如下步骤""首先是""然后是""再进行"等都是无关紧要的辅助性用词、关联词,与句中"生产过程"重复,可以改成"高抗冲聚苯乙烯机械共混法生产过程包括聚苯乙烯和橡胶乳液的机械混合、破乳、干燥,最后制得高抗冲聚苯乙烯产品"。又如,"笔者做了系统的研究,研究取得了很好的结果,研究的结果证明……"句子结构松散、拖沓,可以直接简化为"研究结果证明……"

科技论文中一般不用语气助词,避免口语化表达。不用"的""了""吧""吗""呢""啊"等语气助词,也不用重叠式的形容词和动词,如"整整齐齐""研究研究""考虑考虑"等。科技论文中,使用"我""我们"之类的第一人称词汇,也是口语化的表现。此外,"作者""笔者""本课题组"等都属于第一人称范畴,也不宜采用。诸如"我认为……""经过我们课题组努力……""笔者提出了……"等都是以"我"为主体的叙述方式,不宜出现在科技论文中。

4) 格式统一

科技论文不仅要文字、公式、图表并用,而且要有统一的格式。科技论文格式应在以下几个方面协同一致,包括语体、标题、科技术语、制图风格、制表风格、字体和字号、序号和编号、图表与文内叙述、注释方式与注释符号、参考文献序号与文内标注、参考文献著录风格。只要遵循科技写作规则撰写科技论文,格式统一就有了基本保证。

本书第五、六章分别阐述了科技论文写作的一般规则和撰写格式,只有正确运用这些规则和格式,才能撰写好的科技论文。

5) 反复修改

修改文稿的主要目的是使科技论文更加准确、简明、规范。勤写勤改,才能字句到位,文理通顺。不修不改不成稿,只有通过反复修改,才能确保科技论文的准确性、简明性和规范性。

对已完稿的论文初稿，静下心来，至少通读一遍。通读时需要换气的地方，就是该用标点之处，觉得拗口的语句，就是病句。

在使用不同汉字输入法打字时，经常会出现打字错误，建议进行认真修改。用拼音输入法时，经常会出现同音字，例如，“测量装置的三围尺寸”，其中，“三围”应为“三维”。从 PDF 文件转换文字时，经常会出现形似字，例如，“甲基丙烯酸甲醋是一种常见的化工聚台单体”，其中，“醋”应为“酯”，“台”应为“合”。

精简文字是科技写作的最高境界。撰写论文过程中，语句不顺，语意松散，是科技论文的通病，修改时要取消无用的辅助词，采用朴素精简的阐述。

精简内容是科技论文的重要特征之一，要紧扣论文的主题和重点，处理好精与简的关系。舍不得删除可有可无的内容，就不可能产生精简的科技论文。修改文稿时，要做到精简、精简、再精简。

第7章 科技期刊论文的发表

研究生发表科技期刊论文的目的是告诉同行他发现了什么新理论、新方法，或发明了什么新工艺、新设备等，同时也可以锻炼和提高自己的写作能力和科研总结能力。但需要注意，发表科技期刊论文或上传研究生学位论文后，就会失去申请专利的机会，因此若想申请专利，必须在科技期刊论文公开发表之前或在研究生学位论文最终电子版上传之前，向国家知识产权局提交专利申请材料。

7.1 期刊的选择

研究生发表科技期刊论文的目的是告诉同行他的发现或发明，因此，选择期刊时，首先应考虑的是期刊侧重的学科范围。例如，涉及化学学科的期刊，有的期刊侧重化学基础学科研究（如《中国化学》《化学学报》和 *Journal of the American Chemical Society*、*Chemical Communications* 等），有的侧重化学工程和工业应用研究（如《化工学报》《高校化学工程学报》和 *AIChE Journal*、*Angewandte Chemie* 等）。研究生需根据撰写科技论文的内容，选择合适的期刊，否则在论文初审时会被直接退稿。

研究生发表科技期刊论文时要选择公开发行的正式期刊。

7.2 科技期刊论文的投稿

研究生投稿前，需要阅读所投期刊的最新投稿须知、网络投稿信息或最新发表的论文，了解该期刊的一些规定或习惯，如参考文献的写法、引言标题编号的设置、题目以及标题大小写、图表习惯等。

中文期刊由于版面限制，篇幅不能太长，需要对文字进行精简，用最少的篇幅给出最多的信息；中文期刊论文内容也必须围绕题目展开，相似或次要内容尽可能引用文献，减少篇幅，无关内容一律删除。外文期刊虽然无版面限制，但次要内容（如公式详细推导过程、参数估算过程、红外吸收谱图、核磁共振谱图等）可以作为支持信息（support information）处理。

国内期刊论文投稿时一般需要盖章的单位确认函和版权转让函。国外期刊论文投稿时，随稿件须撰写投稿信（cover letter），其内容包括题目、作者、论文的创新点以及通信联系人署名，其中特别注意要强调论文的创新点，让期刊主编对该论文的创新之处一目了然，认为有必要继续请专家评审。国外有部分期刊论文投稿时，随稿件须包含摘要图(GAI)和亮点(HIGH LIGHTS)。研究生绘制GAI时，要求从图中能一眼捕捉到投稿论文的新颖之处；HIGH LIGHTS需高度概括投稿论文的内容，一般只有2～3条，每条不超过50个字符。

国内外期刊论文投稿时，在投稿系统中作者须提供审稿专家信息，包括审稿专家姓名、地址、电子邮箱等。

国内期刊版权转让书要求通信联系人签字、单位盖章，邮寄或扫描件上传；国外期刊版权转让书则由通信联系人网上提交。

7.3 科技期刊论文的审稿、修稿和发表

科技期刊论文投稿后，进入稿件初审阶段，由期刊编辑或主编审查投稿格式及新颖性，并作出退稿或进入专家审稿阶段的决定。初审退稿率还与期刊稿源是否充裕有关，有充足稿源的期刊，初审退稿率甚至高达90%。

稿件进入专家审稿阶段，审稿专家需要1周到3个月时间对稿件的内容及学术水平进行评审，主要从创新性、深度、难度、学术观点、写作规范性等几个方面对稿件进行综合评判，指出缺点或需要修改的地方，给出处理意见(不修改即发表、修改后发表、修改后重审、建议改投他刊、退稿等)。期刊编辑或主编汇总2～4位审稿专家意见，给出对稿件的处理决定，发给通信联系人。“修改后发表”一般给1周到1个月时间修改。“修改后重审”一般给1～6个月时间修改，研究生应在规定时间内完成上述修改，否则自动放弃修改机会。处理意见若为“退稿”，则研究生可以根据评审意见修改后向其他期刊投稿，也可以对稿件重大不足进行补充修改，尝试再投此期刊。

若处理意见为“修改后发表”或“修改后重审”，则研究生应基于审稿意见逐条回答。审稿专家的正确意见应修改；原稿未写清楚而引起审稿专家的误解要进行解释和完善；审稿专家的不正确意见要用委婉的词句据理分析。稿件中增加的文字，用红色标出，以方便审稿专家对照阅读。修改稿和修改意见回复应一并上传至期刊投稿系统，期刊编辑或主编将修改稿和修改意见回复转给审稿专家，审稿专家经评判再次给出修改、录用或退稿的意见，期刊编辑或主编再次汇总审稿专家意见，给出对稿件的处理决定，发给通信联系人。此过程可能会反复多次。

稿件一旦录用，期刊编辑会对稿件进行文字和格式修改，形成稿件清样。稿件清样发给通信联系人后，一般要求作者在2个工作日内校核完毕。作者校核清样时，不能大幅度增减内容，因此研究生要认真对待每次修改，尽可能在修改阶段完善稿件内容。

增刊或是为了解决积压稿件太多的问题，或是刊出某一会议的优秀论文，其论文质

量一般低于正刊。专刊是为了纪念特定人物或事件，或者为某一学术机构（学术声誉好）、某一学术专题（最具创新性）而设，论文质量与正刊一样。

研究简报是作者对自己最新研究成果的展示，研究工作可能尚不完整，但有新意。

第8章 研究生学位论文的送审和答辩

8.1 研究生学位论文的送审

研究生学位论文送审前需要准备的材料：①经指导教师（若是专业学位，还需要企业工程导师）修改后定稿的研究生学位论文；②研究生攻读学位期间发表或录用论文的复印件、授权专利证书的复印件；③指导教师撰写的同意研究生论文送审意见；④研究生学位论文评阅意见表及酬金表；⑤指导教师提供的研究生学位论文评阅人列表（含联系方式、地址等信息）。

答辩前至少2个月，准备好上述材料，并按要求准备送审的研究生学位论文（若是盲审，按盲审格式准备）。明审按指导教师提供的研究生学位论文评阅人列表送审。盲审则可由学院研究生科随机从专家库里抽取相关专业评阅人（专业硕士至少2名工程系列人员，其中至少1名为外单位人员）进行评阅；或由学院研究生科随机派送其他单位，请专家评阅；或直接从教育部学位中心平台随机派送库内专家评阅。

研究生学位论文的专家评阅一般需要15～30天。评阅专家主要对研究生学位论文的选题、难度、创新性、工作量、撰写规范性等进行评价，给出评语及不足之处，最后给出总体评价（优、良、一般、合格、不合格）及是否同意答辩的结论。如果是“同意答辩”或“小修后同意答辩”，研究生针对专家评阅意见，进行修改后可以进入学位论文答辩环节；如果是“大修后同意答辩”，研究生针对专家评阅意见，需补充相关数据，完善研究生学位论文（此过程一般至少需要3～6个月），再次将修改后的研究生学位论文进行评审（一般是原评阅人）；如果是“不同意答辩”，研究生须针对专家评阅意见，重新进行论文方案、方法、结果、讨论等环节工作（此过程一般至少需要6～18个月），然后再次将修改后的研究生学位论文进行评审。需特别注意，每个研究生只有2次送审机会，因此，是否送审自己的学位论文须慎重。

8.2 研究生学位论文的答辩

研究生学位论文答辩前需要准备好：①系或学院允许答辩通知书；②针对学位论文评阅意见，逐条答复纸质汇总稿；③经指导教师再次修改后定稿的研究生学位论文（纸质稿)，答辩前至少 1 周将学位论文送至答辩委员会，附盖章的研究生学位论文答辩邀请函，内容包括时间、地点、角色(答辩主席还是委员)、联系人及联系方式等信息；④指导教师组织研究生学位论文答辩委员会，学术学位硕士论文答辩委员会至少 3 人，学术学位博士论文答辩委员会至少 5 人(均不含导师)，专业学位硕士论文答辩委员会至少 5 人(全日制可 3 人，均不含导师)，其中至少 2 人为工程系列人员(全日制可 1 人)，专业学位博士论文答辩委员会至少 7 人(全日制可 5 人，均不含导师)，其中至少 2 人为工程系列人员(全日制可 1 人)，主席应具有正高职称；⑤发表或录用论文或授权专利的复印件；⑥指导教师撰写的学位论文答辩委员会决议草案(×份)，若是专业学位，决议草案最后一句应写成“建议授予专业硕士(或专业博士)学位”；⑦研究生学位申请表 2 份，其中非全日制研究生需单位填写意见并盖章，学分需院系研究生科校验盖章(必须符合学位培养修读学分要求方可进行研究生学位论文答辩)，贴好本人照片，除最后一页外其余内容应全部填好，没有的项目则填“无”；⑧研究生学位论文答辩记录表并确定答辩记录秘书，硕士学位论文答辩记录秘书应具有硕士及以上学位，博士学位论文答辩记录秘书应具有博士学位；⑨研究生学位论文酬金签字表；⑩盖章的研究生学位论文表决票(×份)及酬金；⑪答辩用 PPT；⑫1 寸、2 寸证件照若干张及电子版。

研究生学位论文答辩的 PPT 要精心准备，时间须严格控制。硕士研究生答辩讲述时间 25 min 左右，时间分配一般为前言 1 min、文献综述 3 min、结果与讨论 18 min(各章)、结论致谢和研究成果 3 min；博士研究生答辩讲述时间 35 min 左右，时间分配一般为前言 2 min、文献综述 3 min、结果与讨论 26 min(各章)、结论致谢和研究成果 4 min。答辩 PPT 中的结果与讨论部分可以不按学位论文的章节全部讲述，应突出重点；同时，答辩 PPT 也需要条理清晰，并标注章节顺序。答辩 PPT 中的文字不能过多，一般为提纲、图表、公式及主要结论，字号要大，一般内容文字至少使用 24 号粗体字，章节和重要结论的字号更大。研究生答辩前应充分练习，严控时间，面向答辩委员会成员，脱稿讲述，语速不能太快，每分钟 200 个字左右，关键处和重要结论最好停顿几秒钟；讲述时尽可能使用口语化词语表述。

研究生学位论文答辩的前一天，答辩人应到答辩会场，试放投影，调试答辩 PPT 的颜色、版本、宽窄以及确认有无需要用到的软件，试用激光笔等答辩用具。答辩当天，答辩人至少提前 30 min 到达答辩会场，衣着端庄，将答辩 PPT 拷贝进计算机后，到答辩会场门口迎候答辩委员会人员。

研究生学位论文答辩开始前，先由指导教师简单介绍答辩人情况、学习和科研成果、论文评阅结果等，然后交答辩委员会主席主持答辩会。答辩委员会主席主持答辩过程，包括答辩人讲述、答辩委员提问、答辩委员会表决、修改答辩决议、宣读答辩决议书等环节。研究生答辩讲述时应声音洪亮，听取答辩委员提问时最好用空白纸记录问题概要，回答提问时应自信、实事求是，不要过分紧张。提问结束后，答辩人及旁听人员退场并在场外等候；答辩委员会表决，修改答辩决议，答辩委员会主席在学位申请表中签字。之后，答辩人及旁听人员返场，答辩委员会主席宣读答辩决议，答辩人与答辩委员会合影。

研究生学位论文答辩结束后，将修改后的答辩决议通过上下左右页边距调整，按尺寸大小打印入研究生学位申请表中，同时，答辩人与答辩秘书一起完善答辩记录。按照答辩委员会提问的要求，研究生再次修改学位论文；研究生补充需提交学位论文中的评阅人（盲审）、答辩人信息，本人签字（中英文内页、版权页 2 处、致谢），指导教师签字（中英文内页、版权页 1 处），扫描成 PDF 文件；将上述签字页等插入修改后的研究生学位论文中，形成最终版研究生学位论文电子稿。及时将答辩材料（研究生学位申请表、研究生学位论文答辩表决票、答辩记录、学位论文×份、照片）交至院系研究生科。学院学位分委员会开会讨论答辩人情况并投票（此环节仍会有人被否决）。学校学位委员会开会讨论答辩人情况并投票。最后，授予研究生学位，研究生办理离校手续。

第9章 科技应用文

科技应用文是科技工作者为完成科研成果向生产力转化而应用的各种文书形式。科技应用文主要有6类：①规划计划类（如科研计划任务书、科技发展/战略规划、科技计划等）；②申请报告类（如专利请求书、课题/项目申请书、科技奖励申报书、投标书等）；③报告公文类（如开题报告、科研进展报告、技术可行性研究报告等）；④合同协议类（如技术委托开发/合作合同、技术开发/转让合同、技术服务合同、设备引进合同等）；⑤鉴定评议类（如课题验收意见、技术或产品鉴定意见等）；⑥科技说明类（如专利说明书、产品使用说明书、科技广告等）。

科技应用文具有实用性、科学性、规范性的特点。科技应用文有明确的使用目的，尽管各自使用范围不一，但一般都有特定对象和内容。内容上，科技应用文要正确反映客观事物，准确地利用科学理论，创造性地揭示科学规律；形式上，各种科技应用文都有各自的规格和法定格式，文字朴实、条理清晰。

本书简要介绍研究生今后科研工作中可能遇到的几种科技应用文，其中专利请求书和专利说明书将在第10章详细介绍。

9.1 科研计划任务书

科研计划任务书是指科研课题确定后，课题执行人对所承担研究项目的准备情况、研究目的、意义等进行介绍，并对完成课题研究的具体措施、方法和研究进度等做出规划及安排的文书。科研计划任务书的内容主要由以下几部分构成。

目的、意义和国内外概况。主要说明课题来源、研究目的、技术经济效益，以及在国民经济或国防建设中的作用和科学意义；说明国内外现状、水平和发展趋势；说明已有的工作基础和需要解决的关键技术或理论问题。

主要内容和技术关键。主要研究内容包括需要进行的考察、调研、实验、设计等，以及完成本项目的研究途径和拟采用的技术路线；技术关键包括本项目中关键技术、难点、技术指标和预期研究成果。

研究方案的选择与论证。说明选择方案的依据，论证其合理性和可行性，必要时可附主要流程图。

准备工作情况和采取的主要措施。所需仪器设备、材料、加工、实验条件等的准备情况。

实验地点、规模和进度安排。按月、季、年进行安排,尽可能在完成时间上留有余地。

经费概算及其来源。根据研究内容,进度要求,需要购买的仪器设备、物资及其他费用(如调研、测试、加工、情报资料印刷等),进行初步经费概算;说明经费来源、拨款单位和金额,以及各阶段经费比例。

主要设备和仪器及解决途径。列表说明设备和仪器的名称、规格、型号、数量;说明用什么方法获得设备和仪器。

承担单位和主要协作单位分工。分工界限明确,并说明技术指标和进度具体要求。

同行评议意见及主管部门审查意见。

9.2 奖励推荐文书

奖励推荐文书主要用于申报国家自然科学奖、国家技术发明奖、国家科学技术进步奖等。国家技术发明奖申报书着重发明的实施应用状况,即中试、投产、应用推广等情况,以及已获益的证明材料等;国家科学技术进步奖申报书主要是收集科技成果鉴定的技术文件、盖有财务专用章的经济效益证明材料等。

9.2.1 奖励推荐文书填写的主要内容

奖励推荐文书的内容主要由以下几部分构成。

项目基本情况。涉及奖种、项目名称(准确、简明反映技术内容和特征,30 字以内)、主要完成人、主要完成单位(法人)、任务来源等。

项目简介。简单、扼要介绍项目(注意技术保密)。

项目详细内容。详见 9.2.2 节。

本项目曾获科技奖励情况。

申请、获得专利情况表。

主要完成人情况表。其中"创造性贡献"是该完成人对本项目独立作出的创造性贡献,并与"发现、发明及创新点"栏中的内容相对应。

主要完成单位情况表。"主要贡献"一栏填写该完成单位对本项目作出的主要贡献。

推荐评审意见。单位或专家就项目创新性特点、科学技术水平和应用情况,按奖种写明推荐理由和结论性意见。

附件。国家技术发明奖的附件包括发明专利证书及发明权利要求书或查新报告的复印件、技术评价证明、应用证明,国家科学技术进步奖的附件包括技术评价证明、应用证明。

9.2.2 奖励推荐文书中项目详细内容

奖励推荐文书中的项目详细内容是奖励推荐文书的主体,需翔实、准确、全面介绍项目内容，必要的图表就近插入。

1）项目背景

概述项目研发时的相关科学技术状况、主要经济技术指标、尚待解决的问题及立项目的。

2）详细科学技术内容

(1) 国家技术发明奖

总体思路部分。根据立题目的，阐述从总体上利用什么新思想、新知识、新方法，继承已有科学技术成果的长处，克服、解决其不足，创造出什么样的新发明成果。

技术方案部分。对于产品(仪器、设备、器械、工具、零部件、生物新品种等)发明，按其结构进行描述。首先，按结构图(装配、剖面)从静态到动态进行总的描述，静态用以说明发明的组成部分，动态用以说明动作程序；其次，画出关键部件图并作深入描述，包括特殊加工工艺、特殊材料、特殊调试技术等；再次，列出性能指标；最后，描述构成发明的其他内容。对于工艺(工业、农业、医疗卫生、国家安全等)发明，按其相应步骤及实现条件进行描述。首先，阐述基本原理及其新颖性；其次，介绍实施步骤(工艺流程、安装步骤)；再次，描述实现的条件(工艺参数、使用的原料等)；最后，列出完成动作所采用的设备(特殊装备可参照产品发明的写法)。对于材料(新物质)发明，首先，列出组成成分(物质元素名称、特性、配比及结构式等)；其次，介绍合成方法或制造工艺(工艺流程、工艺参数等)；再次，列出完成工艺所需的设备(特殊装备参照产品发明的写法)；最后，描述物理化学性能。

(2) 国家科学技术进步奖

总体思路部分。针对立项目的，阐述利用什么新思想、新技术、新方法，来解决什么样的技术问题，创造出什么样的新成果。

技术方案与创新成果部分。阐述具体技术方案和实施步骤，应用了哪些理论、技术和方法，在研究开发、推广及产业化过程中，攻克了哪些关键技术，在技术上有哪些创新，取得了哪些创新成果。

实施效果部分。技术开发类项目应突出技术创新、成果转化对产业结构优化升级和实现行业技术跨越的促进作用。社会公益类项目应突出研究方法和手段上的创新，在本行业中的推广应用情况，以及对促进社会科技进步的作用。国家安全类项目应突出研究开发的难度、技术创新程度、战略重要性，以及对国防建设和保障国家安全所起到的重大作用。重大工程类项目应突出团结协作、联合攻关，在技术和系统管理方面的创新，技术难度和工程复杂程度，总体技术水平，以及对推动行业技术进步的作用。

3）发现、发明及创新点

发现、发明及创新点是奖励推荐文书的核心部分，是审查项目和处理争议的关键。项目创新性方面的归纳与提炼，应简明、准确、完整，无须用抽象形容词。每个发现、发明及创新点的内容必须相对独立存在。

国家技术发明奖的发现、发明及创新点是前人所没有的、具有创造性的关键技术，发明点应以发明专利和查新报告为依据，发明的原理、效果、意义不要列入。

国家科学技术进步奖的发现、发明及创新点是在研究、开发、推广及产业化中作出的创造性贡献和解决的关键技术问题。

4）保密要点

保密要点指需保密的技术内容。

5）与当前国内外同类研究、同类技术的综合比较

应就推荐项目的总体科学技术水平、主要经济技术指标同当前国内外先进的同类研究和同类技术用数据或图表方式进行全面比较，加以综合叙述，并指出存在的问题及改进措施。

6）应用情况

应用情况是就推荐项目的应用、推广情况及预期应用前景进行的阐述。

7）经济、社会效益情况

经济效益情况应以主要生产、应用单位财务审计核算的数据为基本依据，切实反映采用该项目后在推荐前三年所取得的新增直接效益。

社会效益指推荐项目在推动科学技术进步，保护自然资源或生态环境，提高国防能力，保障国家和社会安全，改善人民物质、文化、生活及健康水平等方面所起的作用。

9.3 科技成果鉴定资料

科技成果鉴定资料中工作报告或总结报告等应按科技报告格式撰写，其中的鉴定或验收意见需要鉴定或验收单位提前准备草稿，其大致格式如下。

××市科技局于××××年××月××日在××市组织召开了对×××承担的××市××××研究计划项目“××××”（计划编号：××××）鉴定会，鉴定组听取了承担单位的工作汇报，察看了样品，经讨论形成意见如下。

（1）所提交的技术资料齐全、数据可靠，符合鉴定要求。

（2）该项目详细研究了××××的配方、反应工艺等规律，并进行了优化，得到符合合同要求的××××，经国家××××质量监督检测中心检测，均达到合同要求。技术属国内先进（或国内领先）。

（3）该项目通过××××，得到××××，在此基础上，进行了××××的工艺设计，并提供相应的工艺设计资料，为××××吨/年的工程设计和施工提供依据。经××××检测，符合环保要求。

（4）××市科技局于××××年××月拨款××万元，经费使用规范、合理。

同意通过鉴定。建议将该技术尽快进行工业化生产，以取得更大的经济和社会效益。

鉴定委员会主任：

××××年××月××日

9.4 技术合同

研究生科研工作中涉及的技术合同主要是技术开发（委托）合同、技术转让合同、技术咨询和服务合同。除了某些单位的技术合同是按照本单位的格式样本之外，一般情况下技术合同均使用中华人民共和国科学技术部格式合同样本。注意在各类合同条款中不得使用“保证”“一定”等承诺性语言。

9.4.1 技术合同签订注意事项

（1）明确技术合同的种类

对于不同的技术合同，当事人的权利义务不同，所开具的发票种类也不相同，故应明确合同的类型。技术开发合同包括委托开发合同和合作开发合同；技术转让合同包括专利权转让合同、专利申请权转让合同、技术秘密转让合同、专利实施许可转让合同等。

（2）技术合同应采用书面形式

文字表达应清楚明白，避免模棱两可的用词。例如，“定金”与“订金”，在法律上的意义大相径庭。如果合同一方交付了定金，另一方不履行合同时，应双倍返还定金；对于订金，如出现了上述情况，则只是原数返还。

（3）正确理解风险责任和违约责任

技术开发存在风险，风险一旦出现，将使技术开发合同无法履行，给当事人造成损失。因此，当事人应当在订立合同时明确约定风险责任的承担。

（4）不能违反国家法律法规

合同标的违法、非法垄断技术、妨碍技术进步或者侵害他人技术成果的技术合同均无效。

（5）保密事项的约定

内容涉及国家安全或者当事人的重大利益，需要对技术情报和资料加以保密，双方当事人应当在技术合同中对保密事项、保密范围、保密期限以及违反保密条款的责任等加以约定。

（6）明确解决争议的方式

技术合同中可约定协商、仲裁（要签订书面的仲裁协议或仲裁条款）和诉讼等方式，以及仲裁机构（要有明确的仲裁机构）、管辖地等，以最大限度地减少双方在纠纷解决过程中的损失,并在最短的时间内解决纠纷。

(7) 签字与盖章

合作单位名称必须与签章一致,由法人签字或签章。自然人或合作单位没有单位公章的,则要附签字人的身份证复印件。有多页纸张的合同,合作单位双方或多方均需加盖骑缝章。

(8) 名词和术语的解释

为了避免关键名词和术语在理解、认识、使用上发生误解而影响到当事人准确实施技术合同,当事人有必要在条款中对技术合同出现的一些技术名词和术语作出说明和注解。

(9) 项目联系人

在技术合同中需明确项目的联系人。技术合同履行过程中所有涉及项目的事宜均要与该项目联系人取得联系,所有与项目有关的交接手续也必须由项目联系人签字。项目联系人是合同双方履行技术合同的代理人,所有经过项目联系人确认的事项等同于合同当事人同意。如果在合同中由非项目联系人在有关交接手续单上签字确认,但无单位盖章,则该行为无法律效力,视为未交接。

9.4.2 技术开发合同的特别注意事项

(1) 拟制研究开发计划(该条款也可另签协议)

为了保证开发工作能够顺利完成,当事人应制定一个较为周密、合理的工作计划。工作计划中应包括开发期限、地点、方式等。

(2) 明确成果的归属和收益的分配

合同中应约定技术或技术秘密成果的使用权、转让权以及利益的分配办法,包括成果中申报获奖单位及人员的排名等事项。

(3) 约定开发取得发明创造的专利申请权

签订委托开发合同时,应约定委托开发完成的发明创造由哪方申请专利。如当事人没有约定,则申请专利的权利属于研发人员,研发人员取得专利权后,委托人可免费实施该专利。

签订合作开发合同时,应约定合作开发完成的发明创造由哪方申请专利。如当事人没有约定,则申请专利的权利属于合作开发的当事人共有。

(4) 明确验收标准和失败的判断标准

合同条款的技术指标和参数应明确说明开发的技术在该技术领域内所要达到的技术标准和参数。明确约定何种情况下项目开发失败属于技术风险,认定的标准是什么。如果是技术风险,则应约定如何分担损失。

(5) 报酬的计算

合作双方当事人应在条款中明确约定报酬的总金额和报酬来源。

（6）确定研究开发经费或项目投资的数额及其支付、结算方式

合作双方应明确开发合同研究开发经费或者项目投资数额及其来源，即明确约定经费由哪一方提供。如果是合作开发，则应写明各自提供经费的形式、比例、时间等。涉及以实验装备、设备、器材、样品和现有技术成果等进行投资的，则应依法进行估价并明确其所有权。

（7）避免引起侵权纠纷

在开发前进行专利文献检索，不要以他人已获得专利权或正在申请专利的技术订立合同，以免引起知识产权侵权纠纷。

（8）明确利用研究开发经费购置的设备、器材及资料的财产权属

对于在研究开发工作中购置的设备、器材及资料的财产权属，合作双方应在合同中约定清楚。

9.4.3 技术转让合同的特别注意事项

① 专利实施许可合同只在该专利权的存续期间内有效，故须明确专利权的有效期限。有效期限届满或者专利权被宣告无效的，专利权人不得就该专利与他人订立专利实施许可合同。

② 在技术转让合同中应约定实施专利、使用技术秘密后续改进技术成果的分享办法。如没有约定或者约定不明确，又未签订补充协议，一方后续改进的技术成果，其他各方无权分享。

③ 专利实施许可合同应明确实施方式，分为独占实施许可、排他实施许可和普通实施许可。如未约定或约定不明确，认定为普通实施许可。

④ 专利实施许可合同的让与人负有在合同有效期内维持专利权有效的义务，包括依法缴纳专利年费和积极应对他人提出宣告专利权无效的请求，当事人另有约定的除外。

⑤ 技术实施许可合同应明确技术实施的地域范围、具体方式、是否允许分许可等，避免产生纠纷。

⑥ 在合同生效之日起 3 个月内对专利实施许可合同进行备案，若当事人未对相关合同进行备案，也不影响该许可合同的法律效力，但如出现法律纠纷，合同备案有利于诉前责令停止侵权行为等。办理外汇、海关知识产权备案时，也需要专利合同备案证明。

⑦ 不管何种类型的技术转让合同，合同内容中必须说明转让成果的成熟程度、转让方承担的责任范围。

第10章 专利基础知识及撰写

10.1 专利制度的发展历史和作用

10.1.1 概述

专利是指专有的权利和利益，是一项发明创造的首创者所拥有受保护的独享权益。专利权是指由国家专利主管机关（国家知识产权局）根据发明人的申请，以向社会公开发明创造的内容，以及发明创造对社会具有符合法律规定的利益为前提，授予申请人在一定期限内对其发明创造所享有独占实施的专有权。专利的本义包括两层意思：一是“公开”，二是“垄断”，这是专利的两个最基本特征。

专利权具有无形性、双重性、时间性、地域性、授权性等特性。无形性是指专利权具有内在价值和使用价值，没有外在的形体，不占有空间。双重性是指专利权具有人身权和财产权双重属性和双重内容。时间性是指专利权具有一定的法定期限，一旦超过，即进入“公有”领域，成为社会的共同财富。地域性是指专利权只有在权利取得国的国内才有效，不具有域外效力。授权性是指专利权由国家专利主管机关授权或确认产生，转让、继承也一样。

中国专利包括发明专利、实用新型专利和外观设计专利。发明是指对产品、方法或者其改进所提出的新的技术方案，发明专利权的期限为自申请日起20年。实用新型是指对产品的形状、构造或者其结合所提出的适于实用的新的技术方案，实用新型专利权的期限为自申请日起10年。外观设计是指对产品的整体或者局部的形状、图案或者其结合以及色彩与形状、图案的结合所作出的富有美感并适于工业应用的新设计，外观设计专利权的期限为自申请日起15年。

中国国家知识产权局给予的专利申请号（授权后成为专利号）由12位阿拉伯数字组成，第1～4位数字表示受理专利申请的年号；第5位数字表示专利申请的种类，所使用数字，“1”表示发明专利申请，“2”表示实用新型专利申请，“3”表示外观设计专利申请，“8”表示进入中国国家阶段的PCT（专利合作条约）发明专利申请，“9”表示进入中国国家阶段的PCT实用新型专利申请；第6～12位数字（共7位）为申请流水号，表示受理专利申请的相对顺序。专利申请号后还有一个校验位，为1位阿拉伯数字（0～9）或大写英文字母×。专利申请号与校验位之间使用下标单字节实心圆点符号作为间隔符。专利申请号编号规则图示：×××××××××××××.×，例如 201910491195.7。

10.1.2 世界专利制度和我国专利制度发展历史

公元 15 世纪至 19 世纪，以英国为代表的一些国家为满足引进技术，建立新工业体系的需要，在建立专利法、实行专利制度方面进行了有益的探索，带动了世界范围内专利制度的迅速推广。

1449 年，资产阶级工业革命的发源地英国产生了最早的发明专利。当时的亨利六世国王向 John of Utynam 授予为伊顿公学制造彩色玻璃的方法专利。1474 年 3 月 19 日，威尼斯共和国颁布了世界上第一部专利法，正式名称为《发明人法规》。从 1475 年到 16 世纪，威尼斯许多重要的工业发明，如提水机、碾米机、排水机、运河开凿机等均被授予 10 年的特许证。伽利略曾于 1594 年获得威尼斯共和国所颁发的有关汲水系统的专利。

1624 年是专利史上重要的一年，英国的 *Statute of Monopolies*（一般译为《垄断法》）开始实施。《垄断法》宣告所有垄断、特许和授权一律无效，今后只对"新制造品的真正第一个发明人授予在本国独占实施或者制造该产品的专利证书和特权，为期 14 年或以下，在授予专利证书和特权时其他人不得使用"。《垄断法》被公认为现代专利法的鼻祖，它明确规定了专利法的一些基本范畴，这些范畴对今天的专利法仍有很大影响。1787 年，《美国联邦宪法》规定"为促进科学技术进步，国会将向发明人授予一定期限内的有限的独占权"。以这部宪法为依据，1790 年又颁布了《美国专利法》，它是当时最系统、最全面的专利法。依据《美国专利法》授权的第一件美国专利出现在 1790 年 7 月 31 日，是有关碳酸钾制造方法的专利。

专利制度诞生后，世界上许多重要的、对人类文明产生重大影响的发明被授予专利权，如 1752 年富兰克林（Franklin）发明的避雷针，1812 年斯蒂芬森（Stephenson）发明的火车，1867 年诺贝尔（Nobel）发明的炸药，1887 年爱迪生（Edison）发明的留声机，以及 1893 年狄塞尔（Diesel）发明的内燃机等。

到目前为止，世界上建立起专利制度的国家和地区已经超过 175 个。在世界贸易组织（WTO）和世界知识产权组织（WIPO）框架下，专利制度成为逐渐增多的全球经济活动的重要组成部分。

《中华人民共和国专利法》（以下简称《专利法》）于 1985 年 4 月 1 日实施，其中对化学方法获得的物质（如药品、食品、饮料、调味品、微生物及生物制品等）未予保护。经过第一次修改的《专利法》于 1993 年 1 月 1 日施行，全面开放了对化学领域发明产品的保护，同时发明专利保护期延长至 20 年，实用新型和外观设计专利保护期延长至 10 年。2001 年 7 月 1 日施行了第二次修改的《专利法》，与专利纠纷有关的行政决定纳入法院司法审查范围，专利申请权可通过双方协商约定等。2009 年 10 月 1 日施行了第三次修改的《专利法》，专利的授权条件由相对新颖性修改为绝对新颖性，即申请人本人的在先申请也构成抵触申请;创造性审查修改为全球范围内,即在国外的使用也影响创造性。2021 年 6 月 1 日施行了第四次修改的《专利法》,修改主要包括三方面内容:一是加强对专利权人合法权益的保护,包括加大对侵犯专利权的赔偿力度,对故意侵权行为规定一到五倍的惩罚性赔偿,将法定赔偿额上限提高到五百万元,完善举证责任,完善专利行政保护,新增诚实信用原则,新增专利权期限补偿制度和药品专利纠纷早期解决程序有关条款等;二是促进专利实施和运用,包括完善职务发明制度,新增专利开放许可制度,加强专利转化服务等;三是完善专利授权制度,包括进一步完善外观设计专利保护相关制度,增加新颖性宽限期的适用情形,完善专利权评价报告制度等。

10.1.3 专利的作用

专利为企业和发明人带来的作用巨大,具体体现在六个方面。

(1) 保护企业的技术成果

对于企业来说,知识产权能够获得国家认可和保护,将技术成果转化为企业资产;同时,获得专利保护可以避免技术的流失(如反向工程、内部员工离职等)。

◆ 案例 1: 中国第一台 VCD(video compact disc)机生产企业安徽某公司未申请专利,第一批生产的 100 台 VCD 机被同行购得。同行予以拆解,利用反向工程,生产 VCD 机并迅速占领市场,导致该公司痛失商机。

◆ 案例 2: 某洗衣机制造商为降低噪声,提高揉洗效率,研发出新型机械传动机构,未及时申请专利。该技术成果被一外聘职员以个人名义申请专利,该厂苦于没有研发过程记录,最后以企业支付对方 80 万元专利许可使用费的方式达成协议,购买自己的技术。

(2) 增强企业的竞争优势

专利可以帮助专利权人占领市场。《专利法》第十一条规定,发明和实用新型专利权被授予后,除本法另有规定的以外,任何单位或者个人未经专利权人许可,都不得实施其专利,即不得为生产经营目的制造、使用、许诺销售、销售、进口其专利产品,或者使用其专利方法以及使用、许诺销售、销售、进口依照该专利方法直接获得的产品。外观设计专利权被授予后,任何单位或者个人未经专利权人许可,都不得实施其专利,即不得为生产经营目的制造、许诺销售、销售、进口其外观设计专利产品。

专利权人可以通过专利技术进行垄断。产品上市,专利先行,通过垄断占领市场,保持领先优势。例如,医药企业的新药研发,从发现化合物到药物上市,常需要几年甚至十几年的时间,投入大量人力物力,只有通过专利这个强有力的保护手段,才能占领市场,获得丰厚回报。

专利可以帮助专利权人分享市场利益。有专利保护的产品容易宣传推广、打开市场，有利于市场拓展及在市场竞争中取胜。

◆ 案例：华为技术有限公司知识产权战略。思科公司于 2003 年就华为侵犯思科知识产权在美国提起诉讼，最后和解结案，华为同意停止销售诉讼中所提及的产品，在全球范围内只销售经过修改后的新产品。经过了这次与思科公司的较量，华为公司深刻认识到知识产权在全球竞争中的重要性。实施知识产权战略并成为华为的核心战略，其 PCT 申请量在 2017 年已达到全球第一。华为在多个领域多个产品与相应的厂商通过支付许可费的方式达成了交叉许可协议。法国著名的通信设备供应商阿尔卡特于 21 世纪初发明宽带产品 DSLAM(数字用户接入复用器)，华为经过两年的专利交叉许可谈判，与其达成了许可，公司支付费用来消除在全球进行销售的障碍。同时，华为在全世界提起众多诉讼维权。2016 年 4 月，华为在德国、法国和匈牙利对中兴通讯公司提起诉讼，指控其侵犯专利权和商标权；同年 5 月，在美国和中国对韩国三星公司涉及通信技术的专利和软件提起诉讼；华为还曾在美国向美国第三大运营商 T-Mobile 提起专利诉讼……经过 30 多年的发展，华为的经营业务不仅占领了国内绝大部分市场，而且通过一场场海外知识产权诉讼，保障了其海外经营的稳定与安全，抢占了海外市场。

专利可以帮助专利权人提升企业形象。目前在进行高新技术企业评定时，要求企业至少有 1 件授权发明专利或 6 件授权实用新型专利；企业在申请进入科技园区时对专利有要求；企业进行项目申报、项目招投标、商务谈判等环节对专利也有要求；专利也可以给企业创造广告效应。

专利可以帮助专利权人增加融资机会和获得上市资格。知识产权质押融资是指企业以合法拥有的专利权、商标权、著作权中的财产权，经评估作为质押物从银行获得贷款的一种融资方式，旨在帮助科技型中小企业解决因缺少不动产担保而带来的资金紧张难题。2009 年 1 月浙江省率先实施《浙江省专利权质押贷款管理办法》，2010 年全国专利权质押融资金额总计已达 70.66 亿元。2019 年 8 月 20 日，中国银保监会联合国家知识产权局、国家版权局发布了《关于进一步加强知识产权质押融资工作的通知》，我国的知识产权质押融资金额实现大幅增长。

2020 年 3 月，中国证券监督管理委员会发布第 21 号公告《科创属性评价指引(试行)》，其中规定企业在科创板上市，科创属性具体的评价指标体系采用“3＋5”常规指标和例外条款，涉及专利的常规指标为“形成主营业务收入的发明专利 5 项以上”，例外条款为“形成核心技术和主营业务收入的发明专利(含国防专利)合计 50 项以上”。

(3) 专利权人获得回报

专利权人可以通过专利技术转让、专利技术许可(独占许可、独家许可、普通许可)获得收益。

◆ 案例 1: 6C 联盟(日立、松下、JVC、三菱电机、东芝、时代华纳 6 家企业)宣布"DVD 专利联合许可",每台 DVD 的专利许可费要价 20 美元,经谈判降至 12～15 美元,中国企业出口一台售价 32 美元的 DVD 只能赚取 1～1.5 美元利润,而交给国外企业的专利费却高达售价的 30%以上。

◆ 案例 2: 诺基亚公司与高通公司之间的专利许可纠纷可以追溯到 2005 年,主要围绕 WCDMA(宽带码多分址接入方式)技术展开,还涉及 GSM(全球移动通信系统)、EDGE(GSM 演进的增强数据速率)、CDMA(码分多址接入方式)、HSDPA(高速下行链路分组接入)、OFDM(正交频多分址接入技术)、WiMAX(微波接入的全球互操作性)、LTE(长期演进技术)以及其他技术。2008 年诺基亚公司支付给高通公司 25 亿美元的专利预付款,使诺基亚在未来 15 年的业务中广泛使用高通多项专利许可;同时两家公司同意放弃此前在美国、欧洲以及亚洲等国家和地区的专利诉讼。

◆ 案例 3: 微软公司自 2003 年启动知识产权许可项目以来,已经从与合作方的许可到与使用方的许可,签署了上万项专利、软件等知识产权许可协议。

专利权人进行新公司注册或公司增资扩股,可以用专利技术出资或作价入股。

◆ 案例: 杭州某环保技术有限公司引进风险投资时,以 4 件发明专利权作价入股,作价 1.2 亿元。

专利权人通过诉讼获得赔偿。专利侵权诉讼是指当专利权人或者利害关系人的专利权被他人侵犯时,在掌握一定证据后向有管辖权的法院提起诉讼,维护自身权益的一种途径。

◆ 案例 1: 美国宝丽来公司状告柯达公司侵犯瞬时照相机和胶卷的专利权,官司耗时长达 14 年,最后宝丽来公司获赔了 9.25 亿美元。

◆ 案例 2: 2011 年 4 月,美国苹果公司对韩国三星公司在全球四大洲多个国家提起专利侵权诉讼,要求颁发禁止令和巨额惩罚性赔偿(27.5 亿美元),三星公司也同时在多个国家向苹果公司提起专利侵权诉讼。英国法院判定侵权,韩国法院判定不侵权,三星公司提起的诉讼在大部分国家已经撤诉。2012 年 8 月美国一审法院判定三星公司侵权,需赔偿苹果公司 10.5 亿美元,三星公司提起上诉,另一家法院裁定三星公司应向苹果公司赔偿 9.3 亿美元;2015 年 12 月,法院将赔偿金缩减至 5.48 亿美元。三星公司虽然已向苹果公司支付这笔赔偿金,但认为用其侵权产品的全部销售利润来支付其中的 3.99 亿美元不公平,就此上诉至美国最高法院,希望苹果公司归还至少部分赔偿金。美国最高法院 2016 年 12 月对此作出裁定,认定三星公司上诉理由成立,发回重审。2018 年 6 月,双方达成和解,持续 7 年的苹果三星专利大战终于落下了帷幕。

◆ **案例 3:** 正泰集团诉施耐德电气低压(天津)有限公司专利侵权案。涉案专利为正泰集团拥有的实用新型专利 ZL97248479.5,“一种高分断小型断路器”。该案件特点是:赔偿金额大,温州市中级人民法院一审判决支持 3.3 亿元的赔偿,此案为我国实用新型专利赔偿额第一案;专利权经历无效、行政二级诉讼维持有效全过程;在诉讼过程中专利权期限届满终止。最后双方在浙江省高级人民法院主持下达成庭外和解,施耐德电气低压(天津)有限公司向正泰集团支付补偿金 1.75 亿元,两家公司还达成一系列全球和解协议。

2003 年我国各地陆续出台专利资助政策,包括专利授权后的奖励和年费补助政策。2021 年 1 月,国家知识产权局发布《关于进一步严格规范专利申请行为的通知》,指出将于 2021 年 6 月底前全面取消各级专利申请阶段的资助,即不得资助专利年费和专利代理费等中介服务费,2025 年以前全部取消对专利授权的各类财政资助。

(4) 提升企业的创新水平

企业通过专利检索获得本领域最新技术成果,在现有技术基础上进行创新。企业核心技术申请基础专利,围绕基础专利可以申请多项外围专利,从而建立较为严密的专利网。企业参与制定技术领域相关的行业标准,融合专利技术,提升企业的创新水平。

◆ **案例:** 深圳市朗科科技股份有限公司不仅将闪存盘方面的核心技术申请了基础专利,而且围绕基础专利申请了多项外围专利,从而建立了较为严密的专利网。为巩固市场地位,朗科公司还积极协同有关部门着手制定有关闪存盘的行业标准,标准中融合了朗科多项专利技术。

(5) 提高企业的防御能力

企业主动申请专利,防止他人起诉侵权。企业通过申请采用具有相同原理并环绕他人基本专利的许多不同的专利,加强自己与基本专利权人之间的对抗;同时,在企业自己的基本专利受到冲击时,可以在基本专利周围编织专利网,采取层层围堵的办法加以对抗。

(6) 发明人的收获

专利署名权体现发明人(或设计人)的自身价值;撰写专利可以进一步提高发明人的技术水平;专利发明人在考评、晋升的时候,专利可以作为一种考量;技术成果转让分享,发明人获得奖励,国家鼓励被授予专利权的单位实行产权激励,采取股权、期权、分红等方式,使发明人合理分享创新收益。

10.1.4 我国知识产权保护特点

(1) 行政保护

当事人向地方行政管理机关请求调处。这种保护方式的优点是程序相对简单、费用少、行政机关可主动调查;缺点是商标、版权侵权可以采用行政罚款手段处理,但专利侵权目前只能通过调解方式赔偿，双方若不同意调解，需另行起诉，一方不服行政决定时，还可向法院提起行政诉讼，强制执行需请求法院执行。

(2) 司法保护

当事人向法院提起诉讼。这种保护方式的优点是可以请求诉前禁令，认定侵权和赔偿可一并判决，而且执行力度大；缺点是谁主张、谁举证，法院一般不主动调查取证，而且费用高，程序相对复杂。专利侵权诉讼程序近年来发生了较大变化。2019 年 1 月 1 日最高人民法院成立了知识产权法庭，当事人对发明专利、实用新型专利、植物新品种、集成电路布图设计、技术秘密、计算机软件、垄断等专业技术性较强的知识产权民事案件和行政案件第一审判决与裁定不服，提起上诉的，由最高人民法院审理；对已经发生法律效力的上述案件第一审判决、裁定、调解书，要依法申请再审、抗诉等，适用审判监督程序的，由最高人民法院审理。最高人民法院也可以依法指令下级人民法院再审。

提请司法保护时还需要注意管辖问题，一般情况由侵权行为地或者被告住所地人民法院管辖；侵权产品制造地与销售地不一致的，制造地人民法院有管辖权；以制造者与销售者为共同被告起诉的，销售地人民法院有管辖权。

(3) 海关保护

国家禁止侵犯知识产权的货物进出口。海关保护启动程序：首先，向海关总署申请海关备案，自海关总署准予备案之日起生效，有效期为 10 年，可续展备案，每次续展备案的有效期为 10 年。然后，权利人发现侵权货物可向海关提出扣留申请，并提供担保，海关也可主动扣留后要求权利人提出申请，出货人可提供等额担保后要求放行。最后，权利人向法院起诉，要求赔偿，申请保全；如权利人不起诉，也可由海关认定是否侵权，认定侵权则罚没，认定不侵权则放行。

(4) 展会保护

2006 年 1 月 10 日商务部、国家工商行政管理总局、国家版权局、国家知识产权局联合发布《展会知识产权保护办法》，2006 年 3 月 1 日起施行。具体措施有要求撤展、地方知识产权局协助调查等，调查获得的资料可作为起诉证据。

(5) 刑事处罚

不同类别的知识产权目前刑事处罚成立条件不同。只有假冒他人专利，情节严重的情况、侵权商标和版权情节严重的情况，以及不正当竞争造成重大损失的情况有刑事处罚。

10.2 专利申请和审批流程

10.2.1 专利申请的基本概念

1) 专利申请的原则

专利申请的原则有先申请原则、单一性原则、先公开后审查原则、优先权原则(外国优先权和本国优先权)。

先申请原则是指两个以上的申请人就同样的发明创造申请专利,专利权授予最先申请的人。电子提交方式以知识产权局收到之日为申请日,邮寄方式以寄出的邮戳日为申请日。

单一性原则是指同样的发明创造只能被授予一项专利,一件发明或实用新型专利申请应当限于一项发明或实用新型专利。属于一个总的发明构思的两项以上的发明或实用新型专利可以作为一件申请提出。用于同一类别并且成套出售或者同一项产品两项以上的外观设计也可作为一件申请提出。

实务常见操作:同一申请人同日对同样的发明创造既申请实用新型专利又申请发明专利,先获得的实用新型专利权尚未终止,且申请人提出申请的同时声明放弃该实用新型专利权的,可以授予发明专利权。目前此项操作的审查流程正在酝酿修改,同时实用新型专利所对应的发明专利申请由于实用新型被授权将会被延迟审查。

先公开后审查原则是指发明专利申请自申请日起满 18 个月即行公布。当然,申请人可要求提前公开和提前进入实质审查,这样,发明专利申请可自申请日起 4～6 个月提前公布,12 个月内进入实质审查。任何人对已公布的专利申请可提出公众意见。

外国优先权是指申请人自发明或实用新型在外国第一次提出专利申请之日起 12 个月内,或者自外观设计在外国第一次提出专利申请之日起 6 个月内,又在中国就相同主题提出专利申请,依照该外国与中国签订的协议或者共同参加的国际条约,或者依照相互承认优先权的原则,可以享有优先权。如中国已经参加《保护工业产权巴黎公约》《专利合作条约》等国际条约,中国专利申请提出国际申请(PCT 申请)或者直接进入有协议或者共同参加国际条约的国家均可享有优先权。

本国优先权是指申请人自发明或实用新型在中国第一次提出专利申请之日起 12 个月内,或者自外观设计在中国第一次提出专利申请之日起 6 个月内,又向国务院专利行政部门就相同主题提出专利申请,可以享有优先权。本国优先权的主要作用是先提出初步申请,补充数据或改进后利用本国优先权再申请,能够抢占先机,并使竞争对手跟踪困难。医药行业申请专利使用优先权的相对较多。

2) 不授予专利权的申请

对违反法律、社会公德或者妨害公共利益的发明创造,不授予专利权。对违反法律、行政法规的规定获取或者利用遗传资源,并依赖该遗传资源完成的发明创造,不授予专利权。

对下列各项不授予专利权:科学发现;智力活动的规则和方法;疾病的诊断和治疗方法;动物和植物品种;原子核变换方法以及用原子核变换方法获得的物质;对平面印刷品的图案、色彩或者二者的结合作出的主要起标识作用的设计。但是对动物和植物品种所列产品的生产方法,可以依照《专利法》规定授予专利权。

3）授予发明或实用新型专利条件

发明或实用新型必须满足专利三性，即新颖性、创造性、实用性，才可以授予发明专利权或实用新型专利权。

新颖性是指该发明或实用新型不属于现有技术（现有技术是指申请日以前在国内外为公众所知的技术），也没有任何单位或者个人就同样的发明或实用新型专利在申请日以前向国务院专利行政部门提出过申请，并记载在申请日以后公布的专利申请文件或者公告的专利文件中。

创造性是指与现有技术相比，该发明具有突出的实质性特点和显著的进步，该实用新型具有实质性特点和进步。

实用性是指该发明或实用新型能够制造或者使用，并且能够产生积极效果。

4）授予外观设计专利条件

外观设计必须具有新颖性、创造性和非冲突性，才可以授予外观设计专利权。

新颖性是指授予专利权的外观设计，不属于现有设计（现有设计是指申请日以前在国内外为公众所知的设计），也没有任何单位或者个人就同样的外观设计在申请日以前向国务院专利行政部门提出过申请，并记载在申请日以后公告的专利文件中。

创造性是指授予专利权的外观设计与现有设计或者现有设计特征的组合相比，应当具有明显区别。

非冲突性是指授予专利权的外观设计不得与他人在申请日以前已经取得的合法权利相冲突。

5）专利申请前的注意事项

具备新颖性是授予专利权的必要条件之一，即申请的发明或实用新型不属于现有技术；申请的外观设计不属于现有设计。现有技术或者现有设计（有优先权的，指优先权日）是指以前在国内外出版物上公开发表、在国内外公开使用或者以其他方式为公众所知的技术或者设计。因此，在专利申请前应当注意不泄露、不发表、不宣传所发明的技术方案或设计方案，也尽量对可能公开技术方案或设计方案的产品不进行展览、不投放市场，以免造成新颖性丧失。

10.2.2 专利申请的审批程序

1）发明专利申请的审批程序

发明专利申请的审批流程和时间见图 10.1。发明提交专利申请后，先早期公开延迟审查，然后进行新颖性、创造性、实用性三性实质审查，申请人可主动要求提前公开（4～6个月公布），要求提前进入实质审查（相应缩短审批时间 1 年左右）。

申请人提出申请，收到受理通知书，缴纳申请费和印刷费，3 个月左右申请人收到初步审查合格通知书。经初步审查符合《专利法》要求的专利，自申请日起满 18 个月，即行公布。申请人可在 3 年内提出实质审查请求，可以请求提前公布和进入实质审查阶段，

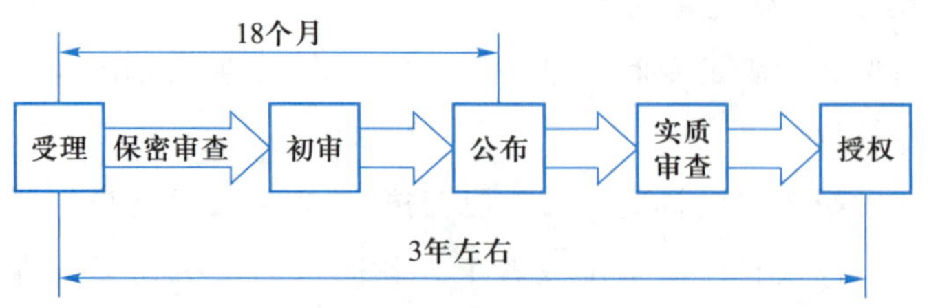

图 10.1 发明专利申请的审批流程和时间

缴纳实质审查请求费后，申请人收到发明专利申请公布及进入实质审查阶段通知书。审查过程中一般会收到审查意见通知书，也有可能审查直接通过，获得授权。申请人收到审查意见通知书后，注意实质审查过程中的答复，此时作出的修改不得超出原说明书和权利要求记载的范围。若发明专利申请审查获得通过，申请人将收到授予专利权通知书，缴纳授权当年的年费。缴费后两个月左右，申请人收到发明专利证书，网上公布发明专利公告文本。

现行发明专利年费：每年申请日前一个月需要缴纳下一年度的专利年费。年费随着保护年度的增加而增加，具体缴纳金额依据国家知识产权局公告的专利收费标准。

2）实用新型专利和外观设计专利申请的审批程序

实用新型专利和外观设计专利申请的审批流程和时间见图 10.2。实用新型专利和外观设计提交专利申请后，先初审登记，然后进行形式审查和新颖性审查。

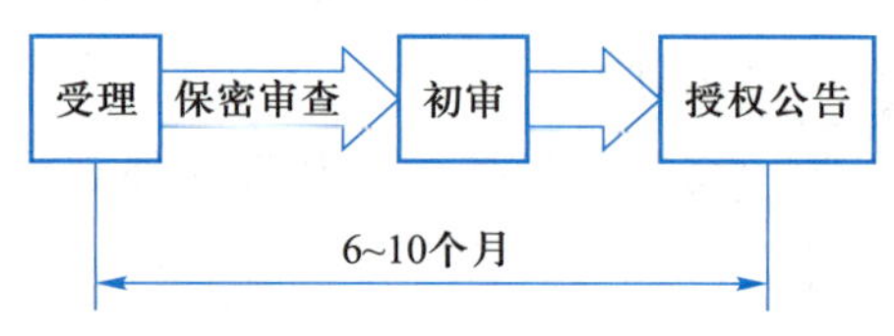

图 10.2 实用新型专利和外观设计专利申请的审批流程和时间

申请人提出申请，收到受理通知书，缴纳申请费。审查过程中若有问题，申请人会收到审查意见通知书。也有可能审查直接通过，获得授权，申请人收到授予专利权通知书，缴纳授权当年的年费。缴费后两个月左右，申请人收到专利证书，网上公布专利公告文本。

现行实用新型专利和外观设计专利年费：每年申请日前一个月需要缴纳下一年度的专利年费。年费随着保护年度的增加而增加，具体缴纳金额依据国家知识产权局公告的专利收费标准。

3）费用减缴条件

申请费、实质审查请求费、复审费以及授权后十次年费可申请减缴，符合减缴条件的申请人为一个单位或个人的可减缴 85%，两个单位或个人的可减缴 70%。

现行费用减缴条件：上年度月均收入低于 5 000 元（年收入小于 6 万元）的个人；上年度企业应纳税所得额低于 100 万元的企业；事业单位、社会团体、非营利性科研机构等。

费减备案手续文件：个人请求减缴专利收费，提交年度收入证明。企业请求减缴专利收费，提交加盖公章的营业执照及上年度企业所得税年度纳税申报表复印件。事业单位、社会团体、非营利性科研机构等请求减缴专利收费，应当提交加盖公章的法人证明文件复印件。

费减备案当年有效，下一年需要重新办理备案手续。为了方便申请人办理备案手续，每年的最后一个季度(即 10 月 1 日开始)可办理下一年度的费减备案。

10.2.3 专利申请所需提交的文件

1）发明或实用新型专利申请

申请发明或实用新型专利应当提交请求书、说明书及其摘要和权利要求书等文件。请求书应当写明发明或实用新型专利的名称、发明人的姓名、申请人姓名或者名称、地址以及其他事项。说明书应当对发明或实用新型专利作出清楚、完整的说明，以所属技术领域的技术人员能够实现为准，必要的时候，应当有附图。摘要应当简要说明发明或实用新型专利的技术要点。权利要求书应当以说明书为依据，清楚、简要地限定要求专利保护的范围。

依赖遗传资源完成的发明创造，申请人应当在专利申请文件中说明该遗传资源的直接来源和原始来源；申请人无法说明原始来源的，应当陈述理由。

2）外观设计专利申请

申请外观设计专利应当提交请求书、该外观设计的图片或者照片以及对该外观设计的简要说明等文件。申请人提交的有关图片或者照片应当清楚地显示要求专利保护的产品的外观设计。

10.3 发明或实用新型专利申请文本的撰写

专利申请文本的撰写依据是《中华人民共和国专利法》《中华人民共和国专利法实施细则》(以下简称《专利法实施细则》)以及国家知识产权局《专利审查指南》。

发明或实用新型专利申请文本的撰写主要指说明书、权利要求书等文本的撰写。

说明书是申请人要求获得权利要求保护范围的理由，是审查员进行审查并予以授权的基础文本。

权利要求书用于确定专利权的保护范围，是法院认定是否侵权的依据。

专利申请文本就像一幢尖顶的房屋，权利要求书是房顶，发明内容是地基，实施例是支撑房屋的柱子，三者需要互相扶持和平衡，相辅相成。专利申请文本要求表述清楚明白、逻辑性强、术语一致、用词精准、版面漂亮。应避免：表达的意思不清楚，不确定；使用的词语不专业；技术上位、下位概念混乱；使用的语言过于冗长而难以理解；表达的语言在概念和逻辑关系上不统一。

10.3.1 专利申请文本撰写基本要求和撰写人需要具备的能力

1）专利申请文本撰写基本要求

申请人撰写申请文本的基本要求包括：需要熟悉专利审查流程和相关法律知识；吃透案件技术内容，能够迅速抓住发明点；用技术、法律、逻辑语言完整描述技术方案；争取最大范围获得保护，既能够获得授权，又能保护一定的商业秘密。

2）专利申请文本撰写人需要具备的能力

专利申请文本撰写人需要具备如下能力。

（1）专业基础知识学习能力

撰写人需掌握和知晓本领域技术的专业术语；了解技术发展过程，清晰描述背景技术；了解本专业发展方向，对发明的创造性有准确的把握。撰写人需要养成随时随地学习、积累的习惯，使每一次撰写都能增加自身的专业知识。

（2）文献检索能力

撰写人需掌握常用的检索方法，利用各种常用的检索工具对专利说明书或者公开文献进行检索并加以分析。就目前来说，专利检索是最方便、快捷的方式。撰写人根据检索结果对现有技术进行比较、分析后找出发明点或在现有技术基础上进行创新后提炼出发明点，从而完成专利申请文本的撰写。

常用专利检索网站有国家知识产权局网站、PatSnap 智慧芽、SooPAT 专利搜索引擎、药物在线网站、欧洲专利局网站，等等。

（3）逻辑、语言表达能力

撰写人在技术常识上进行逻辑思考，对技术方案要知其然，也要知其所以然。搞清楚发明原理、技术内容和具体实现方式，将发明目的、技术方案和技术效果有机地结合起来，进行通顺、流利的文字表达，上下文要有逻辑关联性。

撰写过程本身充满了对创新性的认识，以及对不确定世界与确定的文字之间的映射关系的顿悟和灵感，文本撰写需要充满灵性的技巧和发挥。

（4）撰写模仿能力

撰写人可以参照同技术领域的授权范本进行模仿撰写，体会不同专业采用的不同描述方式，从而形成自己的撰写风格。多读同领域美国、欧洲 PCT 申请进入中国的授权发明申请文件范本，体会如何撰写权利要求书才能加大保护范围且保护严密。

10.3.2 说明书的撰写

1）说明书的撰写依据和总体要求

说明书撰写依据包括：《专利法》第 26 条第 3 款，对说明书的总体要求进行了规定；《专利法实施细则》第 17 条，对说明书的形式要求以及具体内容作出了规定；《专利法实施细则》第 18 条，对说明书附图的撰写要求作出了规定；《专利法实施细则》第 24 条，涉及生物保藏的相关撰写规定。

说明书的撰写具体参照国家知识产权局《专利审查指南》进行。国家知识产权局《专利审查指南》是《专利法》及其实施细则的具体化，是国家知识产权局专利受理、审批、复审、作出决定及无效宣告请求审查并作出决定的依法行政的依据和标准，也是有关当事人在上述各个阶段应当遵守的规章。

撰写说明书的总体要求：清楚、完整、实现、支持。

(1) 清楚

说明书内容应清楚地揭示发明或实用新型的实质，主题明确、表述准确。

主题明确是指撰写的说明书应从现有技术出发，明确地反映出发明或实用新型想要做什么和如何去做，使所属技术领域的技术人员能够确切地理解该发明或实用新型要求保护的主题。换句话说，说明书应当写明发明或实用新型所要解决的技术问题以及解决该技术问题采用的技术方案，并对照现有技术写明发明或实用新型的有益效果。上述技术问题、技术方案和有益效果应当相互适应，不得出现相互矛盾或不相关联的情形。

表述准确是指撰写的说明书应当使用发明或实用新型所属技术领域的技术术语。说明书的表述应当准确地表达发明或实用新型的技术内容，不得含糊不清或者模棱两可，以致所属技术领域的技术人员不能清楚、正确地理解该发明或实用新型。

(2) 完整

说明书应当包括有关理解、实现发明或实用新型所需的全部技术内容。具体包括：帮助理解发明或实用新型不可缺少的内容，如所属技术领域、背景技术状况的描述以及说明书的附图说明等；确定发明或实用新型具有新颖性、创造性和实用性所需的内容，如所要解决的技术问题、解决其技术问题采用的技术方案和有益效果等；实现发明或实用新型所需的内容，如技术方案的具体实施方式等。

凡是所属技术领域的技术人员不能从现有技术中直接、唯一地得出的有关内容，均应在说明书中加以描述。

(3) 实现

所属技术领域的技术人员按照说明书记载的内容，应能够实现该发明或实用新型的技术方案，解决其技术问题，并且产生预期的技术效果。

以下各种情况由于缺乏解决技术问题的技术手段而被认为无法实现：

说明书中只给出任务和/或设想，或者只表明一种愿望和/或结果，而未给出任何使所属技术领域的技术人员能够实施的技术手段；说明书中给出了技术手段，但对所属技术领域的技术人员来说，该手段含糊不清，根据说明书记载的内容无法具体实施；说明书中给出了技术手段，但所属技术领域的技术人员采用该手段并不能解决发明或实用新型专利所要解决的技术问题；申请的主题为由多个技术手段构成的技术方案，对于其中一个技术手段，所属技术领域的技术人员按照说明书记载的内容并不能实现；说明书中给出了具体的技术方案，但未给出实验证据，而该方案又必须依赖实验结果加以证实才能成立。

(4) 支持

《专利法》第 26 条第 4 款规定，权利要求书应当以说明书为依据，清楚、简要地限定要求专利保护的范围。因此，说明书应当支持权利要求。具体包括：权利要求书中的每个技术特征，均应在说明书中作出说明，而且不得超出说明书的范围；每一项权利要求，至少应在说明书中的一个具体实施方式中体现；说明书中至少一个实施方式中包含了独立权利要求中的全部必要技术特征；说明书中有足够的实施方式对权利要求所要求保护的范围给予支持；说明书中记载的内容与权利要求书的内容相适应，没有矛盾。

2) 说明书的形式要求

说明书应包括：发明名称、技术领域、背景技术、发明或实用新型内容、附图说明、具体实施方式。

发明名称，应当与请求书中的名称一致。

技术领域，写明要求保护的技术方案所属的技术领域。

背景技术，写明对发明或实用新型的理解、检索、审查有用的背景技术；有可能的情况下，引证反映这些背景技术的文件。

发明或实用新型专利内容，写明发明或实用新型所要解决的技术问题以及解决其技术问题采用的技术方案，并对照现有技术写明发明或实用新型的有益效果。

附图说明，说明书有附图的，应对各幅附图作简略说明。

具体实施方式，详细写明申请人认为实现发明或实用新型的优选方式，必要时举例说明；有附图的，对照附图给出具体实施方式。

3) 说明书的各个组成部分撰写要求

一份好的说明书需要说清楚 5 个问题：

别人怎么干？(现有的技术方案及存在的问题)

你要干什么？(解决了什么问题)

你怎么干？(总体方案及优选方案)

有什么好处？(发明效果)

具体怎么干？(至少一种具体可实施的方式)

以下对说明书各个组成部分的撰写要求分别进行说明。

(1) 发明名称

发明名称要求清楚、简要，写在首页上方的居中位置。具体要求为：与请求书中的名称一致，一般不超过 25 个字(特殊情况不超过 40 个字)；清楚、简要、全面地反映发明或实用新型要求保护的技术方案的主题名称和类型；采用本技术领域通用的技术术语，不要使用非技术术语；最好与国际分类表中的类、组相对应，以利于专利申请的分类；不得使用人名、地名、商标、型号或者商品名称，也不得使用商业性宣传用语；有特定用途或应用领域，应在名称中体现，如“用于浇铸钢水的模具”；尽量避免写入发明或实用新型的区别技术特征。

(2) 技术领域

技术领域是指发明或实用新型直接所属或直接应用的技术领域，既不是上位，也不是其相邻技术领域，更不是发明或实用新型本身。

技术领域一般可按国际分类表确定其直接所属技术领域，尽可能确定在其最低的分类位置上，且应体现发明或实用新型的主题名称和类型。例如，“本发明涉及一种电容器，特别是涉及电容器的电极”，不应写成“本发明涉及电子装置，特别是涉及一种电容器”（上位的技术领域），也不应写成“本发明涉及一种电容器，特别是涉及多层铜合金制成的电容器电极”（发明本身）。

(3) 背景技术

应对申请日前的现有技术进行描述和评价，除开拓性发明外，尽可能引证一篇或多篇与本申请最接近的现有技术，引证的对比文件，可以是专利文件，也可以是非专利文件。

通常对背景技术的描述应包括三方面内容：注明其出处，通常可采用给出对比文件或指出公知公用情况两种方式；简要说明该现有技术主要结构和原理；客观地指出存在的主要问题，切忌采用诽谤性语言。

引证文件还应当满足下述条件：引证文件应当是公开出版物；所引证的非专利文件和外国专利文件的公开日应当在本申请的申请日之前，所引证的中国专利文件的公开日不能晚于本申请的公开日；引证外国专利或非专利文件，应当使用所引证文件公布或发表时的原文，并写明引证文件的出处以及相关信息，必要时给出中文译文，并将译文放置在括号内。

(4) 发明或实用新型内容

发明内容应当写明所要解决的技术问题、解决技术问题采用的技术方案以及该技术方案带来的有益效果。

解决的技术问题实质上是专利申请的基础，无技术问题也就没有申请，而且权利要求中涉及的必要技术特征以及说明书是否支持权利要求都与技术问题密切相关。因此，应特别重视发明所解决的技术问题，如果能够很好地把握住技术问题这个“舵”，其他问题也就迎刃而解了。通常针对最接近的现有技术中存在的缺陷和不足，结合本发明所取得的效果提出具体要求。撰写时采用正面语句直接、清楚、客观地说明，不得采用广告式宣传用语。

技术方案是说明书的核心部分，其描述应使所属技术领域的技术人员能够理解，并能解决所要解决的技术问题。撰写时先写总的技术方案，表述应与独立权利要求的表述一致，以发明或实用新型必要技术特征的总和形式阐明其实质。若有几项独立权利要求时，该部分的描述应体现出它们之间属于一个总的发明构思。然后进一步描述优选情况，如附加技术特征、优选的参数范围等，最好有优选的理由。如果要求保护的技术方案范围很大，又缺乏足够的实施例支持，还应有发明原理部分的阐述。技术方案中有引用到现有技术的，如果在背景技术里阐述不清楚，可放在发明内容中进行描述。

有益效果是指由构成发明或实用新型的技术特征直接带来,或者是由所述的技术特征必然产生的技术效果。撰写时可以从以下几个方面体现:产率、质量、精度和效率的提高;能耗、原材料、工序的节省;加工、操作、控制、使用的简便;环境污染的治理或根治;有用性能的出现等。撰写有益效果的具体方式是:分析结构特点、理论或原理说明、实验数据证明;可以将理论说明和实验数据相结合;不得只断言其有益效果,最好通过与现有技术进行比较而得出;对机械、电学等领域专利,可采用对技术方案的主要技术特征进行分析的方式描述;对化学领域专利,大多数情况可借助实验数据来说明;引用实验数据说明有益效果时,应给出必要的实验条件和方法。

(5) 附图说明

说明书有附图的,应当写明各附图的图名,并对图示的内容作简要说明。在零部件较多的情况下,允许用列表的方式说明附图中具体零部件名称。附图不止一幅的,应当对所有附图作出图面说明。

(6) 具体实施方式

实现发明或实用新型的优选具体实施方式是说明书的重要组成部分,对于充分公开、理解和实现发明或实用新型,支持和解释权利要求都极为重要。因此,说明书应当详细描述申请人认为实现发明或实用新型的优选具体实施方式,至少具体描述一个具体实施方式,描述的具体化程度应达到使所属技术领域的技术人员按照所描述的内容能够实现发明或实用新型。具体实施方式的描述应当与发明或实用新型的技术方案相对应,并对权利要求中的技术特征给予详细说明,以支持权利要求。

若在权利要求中出现概括性(或功能性)技术特征,应针对该部分给出几个实施方式,除非这种概括对本领域普通技术人员来说是明显合理的。撰写时并不要求对已知技术特征作详细展开说明,但必须详细说明区别于现有技术的必要技术特征和各附加技术特征,以及各技术特征之间的关系及其功能和作用。对于那些就满足充分公开发明或实用新型而言必不可少的内容,不能采用引用的方式撰写,而应将其具体写入说明书。在描述产品时应描述其机械结构、电路构成等,并说明各部分之间的相互关系。对于可动作的产品,必要时还应说明其动作过程,以帮助对技术方案的理解。描述可动作产品的动作过程有时非常重要,一般需详细说明如何操作,如何动作,每一步都应很具体。

当权利要求相对于背景技术的改进涉及数值范围时,通常应给出两个端值的实施例,范围较宽时,还应给出至少一个中间值的实施例。对于方法发明,涉及的工艺条件可以用不同的参数或者参数范围来表示不同的具体实施方式。

在结合附图描述具体实施方式时,应引用附图标记进行描述,引用时应与附图所示一致,放在相应部件的名称之后,不加括号。

(7) 说明书附图

附图是说明书的一个组成部分,附图的作用在于用图形补充说明书文字部分的描述,使人能够直观地、形象化地理解发明或实用新型的每个技术特征和整体技术方案。

对于机械和电学领域中的专利申请，说明书附图的作用尤其明显。对发明专利申请，若用文字足以清楚、完整地描述其技术方案，可以无附图。

撰写时应注意以下几个方面：机械、电学、物理领域中涉及产品结构的发明说明书必须有附图；有多幅附图时，用阿拉伯数字顺序编写图号，几幅附图可绘在一张图纸上，按顺序排列，彼此应明显地分开；附图通常竖直绘制，当零件横向尺寸明显大于竖向尺寸必须水平布置时，应当将图的顶部置于图纸左边，同一页上各幅图的布置应采用同一方式；在同一实施例中，同一部件的附图标记在前后几幅图中应一致；说明书中未提及的附图标记不得在附图中出现，说明书中出现的附图标记至少应在一幅附图中加以标记；附图的大小及清晰度应当保证在该图缩小到三分之二时仍能清楚地分辨出图中的各个细节；附图中除必需词语外（如电路或程序的方框图、流程图），不应包含其他注释；附图集中放在说明书文字部分之后。实用新型专利申请的说明书中必须有附图。

4）说明书摘要

说明书摘要应写明发明或实用新型的名称和所属技术领域，并清楚地反映所要解决的技术问题、解决该问题的技术方案要点及主要用途。摘要一般不超过 300 字，可以有化学式，摘要尽量避免商业性宣传用语。

说明书中有附图的，应指定一幅最能说明该发明或实用新型技术方案的附图作为摘要附图，附图的大小及清晰度应当保证在该图缩小到 4 cm × 6 cm 时，仍能清楚地分辨出图中的各个细节。实用新型专利申请必须指定一幅摘要附图。

10.3.3 权利要求书的撰写

1）权利要求书撰写依据和总体要求

权利要求书撰写依据是：《专利法》第 26 条第 4 款，对权利要求书的总体要求作出了规定；《专利法实施细则》第 19 条，对权利要求的具体内容、表述方式等作出了规定；《专利法实施细则》第 20 条，对独立权利要求和从属权利要求的内容分别作出了规定；《专利法实施细则》第 21 条，对独立权利要求的撰写方式作出了规定；《专利法实施细则》第 22 条，对从属权利要求的撰写方式作出了规定。权利要求书的撰写具体参照国家知识产权局《专利审查指南》进行。

权利要求书应当满足的总体要求：以说明书为依据，清楚、简要地限定要求专利保护的范围。

权利要求书应当记载发明或实用新型的技术特征，技术特征可以是构成发明或实用新型技术方案的组成要素，也可以是要素之间的相互关系。一份权利要求书中应当至少包括一项独立权利要求，还可以包括从属权利要求。

原始申请的权利要求书可作为后续审查过程中修改专利文本或者分案专利申请的依据。授权公告的权利要求书作为解释专利权保护范围的法律依据。

2）权利要求的类型

（1）按性质划分

按性质划分，权利要求可分为产品权利要求和方法权利要求。

产品权利要求（物的权利要求）包括人类技术生产的物（产品、设备）。属于物的权利要求的有物品、物质、材料、工具、装置、设备等权利要求。

方法权利要求（活动的权利要求）包括有时间过程要素的活动（方法、用途）。属于活动的权利要求的有制造方法、使用方法、通信方法、处理方法以及将产品用于特定用途的方法等权利要求。

（2）按形式划分

按形式划分，权利要求可分为独立权利要求和从属权利要求。

独立权利要求（请求保护的最大范围）应当从整体上反映发明或实用新型的技术方案，记载解决技术问题的必要技术特征。必要技术特征是指发明或实用新型为解决其技术问题不可缺少的技术特征，其总和足以构成发明或实用新型的技术方案，使之区别于背景技术中所述的其他技术方案。

从属权利要求（优选或者进一步改进）用附加的技术特征对所引用的权利要求作进一步的限定，所以其保护范围落在所引用的权利要求的保护范围之内。从属权利要求中的附加技术特征，可以是对所引用的权利要求的技术特征作进一步限定的技术特征，也可以是增加的技术特征。

3）权利要求的撰写要求

权利要求书的每一项权利要求所要求保护的技术方案应当是所属技术领域的技术人员能够从说明书充分公开的内容中得到的或者概括得出的技术方案，并且不得超出说明书公开的范围（权利要求须得到说明书支持）。采用技术特征、特征关系的纯技术语言进行描述，用词严谨，不致造成误解，不得采用多义词或者含义模糊不清的词句。一项权利要求中的技术特征越少，保护范围越大。

权利要求撰写的具体要求如下：

① 每一项权利要求只允许在其结尾处使用句号。

② 权利要求书有几项权利要求，应当用阿拉伯数字顺序编号。

③ 权利要求中使用的科技术语应当与说明书中使用的科技术语一致；权利要求中可以有化学式或者数学式，但不得有插图；权利要求中通常不允许使用表格，除非使用表格能更清楚地说明发明或实用新型要求保护的主题。

④ 权利要求中的技术特征可以引用说明书附图中相应的标记，以帮助理解权利要求所记载的技术方案；这些标记应当用括号括起来，放在相应的技术特征后面；附图标记不得解释为对权利要求保护范围的限制。

⑤ 权利要求中不得使用含义不确定的用语，如“厚”“薄”“强”“弱”“高温”“高压”“很宽范围”等，除非这种用语在特定技术领域中具有公认的确切含义，如放大器中的“高

频”。对没有公认含义的用语，如果可能，应选择说明书中记载的更为精确的措辞替换上述不确定用语，或者在说明书中对该用语进行清楚、明确的具体定义。

⑥ 权利要求中不得出现“例如”“最好是”“尤其是”“必要时”等类似用语。因为这类用语会在一项权利要求中限定出不同的保护范围，导致保护范围不清楚。

⑦ 一般情况下，权利要求中不得使用“约”“接近”“等”“或类似物”等类似的用语，因为这类用语通常会使权利要求的范围不清楚。

⑧ 除附图标记或者化学式及数学式中使用的括号之外，权利要求中应尽量避免使用括号，以免造成权利要求不清楚。

4）权利要求的具体撰写方式

（1）产品权利要求

产品权利要求应当用产品的结构特征来描述，包括部件和部件之间的相互关系。特殊情况下，当一个或者多个特征无法用结构特征清楚地描述时，允许用物理或者化学参数表征，都不行时，允许借助方法特征来表征。

◆ 案例 1：一种杯子，具有带把手的杯体，其特征在于，所述的把手上设置有多个弧形凹槽。

◆ 案例 2：一种中药组合物在制备治疗急、慢性肝损伤药物中的应用，其特征在于，该中药组合物由如下质量份的药物组成：青蒿 6～25、金银花 3～15、栀子 3～12。

（2）方法权利要求

方法权利要求应当用工艺过程、操作条件、步骤或流程等来描述，有时方法权利要求也可以有产品结构特征。结构特征对权利要求的限定作用要基于要求保护的技术主题（方法）来确定。

◆ 案例：一种聚酯漆包线脱漆工艺，其特征在于，包括如下步骤：①将脱漆剂加入碱液槽中，加热到聚酯漆包线的漆膜处理温度；所述的脱漆剂为无机碱溶液，质量浓度为 10%～40%；②将碱液槽中的脱漆剂泵入带搅拌桨的脱漆桶底部；将待脱漆的聚酯漆包线放入脱漆桶中；③溢流后开始搅拌，转速为 30～300 $r \cdot min^{-1}$；脱落的漆膜随着脱漆剂从脱漆桶顶部的溢流槽溢出，并流入过滤桶；④脱落的漆膜和脱漆剂在过滤桶内分离，脱漆剂回流进入碱液槽。

5）撰写权利要求书的主要步骤

① 在理解发明或实用新型的技术问题基础上，找出其主要技术特征，厘清各技术特征之间的关系。

② 根据检索和调研到的现有技术，确定与本发明或实用新型最接近的现有技术。

③ 根据最接近的对比文件，进一步确定本发明或实用新型所解决的技术问题（发明

目的)，列出本发明或实用新型为解决该技术问题所必须包括的全部必要技术特征。

④ 与最接近的现有技术做比较，将它们共同的必要技术特征写入独立权利要求的前序部分，本发明或实用新型区别于最接近现有技术的必要技术特征写入特征部分，从而完成独立权利要求的撰写。

⑤ 对其他附加技术特征进行分析，将对本申请的专利保护来说能起作用或产生进一步效果的附加技术特征写成相应的从属权利要求。

撰写权利要求时应注意：不得描述原因或理由，不得有商业性宣传用语，不得出现技术特征重复。

6）权利要求书撰写存在的主要问题

问题 1：权利要求未清楚、简要地描述发明或实用新型请求保护的范围。

以下是几种权利要求不清楚的情况：

① 权利要求类型不清楚。例如，“一种球类运动”(既不属于产品也不属于方法)、“一种产品和工艺”(产品和方法混在一起)。

② 产品权利要求只列出部件名称，而未给出它们的具体结构、相对位置关系或相互作用关系，尤其是电路中必须要有相互关系。例如，“一种桌子，其特征在于，包括桌面和四个桌脚。”这样的权利要求没有描述桌面与桌脚的相互关系，从而无法形成桌子的完整技术方案。应当写成“一种桌子，其特征在于，包括桌面和四个桌脚，所述的四个桌脚垂直固定于桌面下部的四个角上。”

③ 同一技术特征前后重复描述，使权利要求未清楚、简要地限定发明或实用新型。例如，“一种冷藏桶，包括桶本体、盖体，其特征在于，还设有一盖体，盖合在桶本体的开口上，盖体上开有窗口，并设有能打开和盖合窗口的上盖。”此技术特征即前后描述重复。

④ 使用含义不确定的词，导致未清楚地描述发明或实用新型。例如，“一种制备丝状液态金属的方法，其特征在于，将液态高纯度金属作为原料，通过高压驱使液态金属从喷射口射出……”这样的权利要求没有描述液态高纯度金属所称的高纯度为多少。

⑤ 仅依靠附图标记来区分技术特征也会造成权利要求保护范围不清楚。例如，“电阻(R1)和电阻(R2)并联之后与电容(C1)串联”，此时如果去除了附图标记，则成为“电阻和电阻并联之后与电容串联”，这样就无法清楚定义具体技术特征，应写成“分压电阻(R1)”“反馈电阻(R2)”或者“第一电阻(R1)”“第二电阻(R2)”。

⑥ 权利要求中的数学公式或化学结构式未说明参数的意义或未给出参数的取值范围。常见的问题是公式中的字母等没有具体定义，例如公式中出现字母 t，本领域的技术人员不清楚 t 指的是长度、时间还是间距。又如，化学结构式中出现的 R1 是指烷基、烯基还是甲基、乙基。

⑦ 同一权利要求中出现具体方案和优选方案两种选择。例如，“一种制备×××的方法，其特征在于：所述的溶剂为醇类，尤其是甲醇或乙醇。”

⑧ 从属权利要求的保护范围未落入其直接或间接引用的独立权利要求保护范围之

内。例如，“独立权利要求：1. 一种×××的上油装置，包括导辊、油轮、油盘、油槽、油剂循环槽、高位槽、挤压辊、循环泵和在线浓度计，其特征在于，油轮是上油轮与下油轮构成的油轮组，油轮下方安装有油盘……从属权利要求：2. 根据权利要求 1 所述的×××上油装置，其特征在于，所述的油轮设置于油槽内……”

⑨ 从属权利要求的附加技术特征既未从其引用权利要求的技术特征出发进行限定，也未给出增加的附加技术特征与引用权利要求的技术特征之间的关系。例如，“1. 一种冷藏桶，包括桶本体、盖体，其特征在于，桶本体的顶部开口，盖体盖合在桶本体的开口上，盖体上开有窗口，并设有上盖，上盖能打开和盖合窗口。2. 根据权利要求 1 所述的冷藏桶，其特征在于，所述的把手上带有防滑条纹。”

⑩ 从属权利要求引用关系不当，造成保护范围不清楚。一种是从属权利要求进一步限定的技术特征在所引用的权利要求中没有出现，还有一种是多项从属权利要求作为了另一项多项从属权利要求的引用基础。例如，“权利要求：3.根据权利要求 1 或 2 所述的……权利要求：4.根据权利要求 1～3 任一权利要求所述的……”

问题 2：独立权利要求未反映出与现有技术的区别，相对于现有技术来说缺乏新颖性和创造性。

以下是几种权利要求未反映出与现有技术区别的情况：

① 独立权利要求从整体上看未反映出与现有技术的区别或未体现出新颖性和创造性。造成这种情况的原因是对现有技术不够了解，把发明点写丢了，将现有技术当成了发明点来写等。可想而知，这要获得专利授权是非常困难的。

② 将反映发明或实用新型实质内容的技术特征写入独立权利要求的前序部分，特征部分仅剩下该技术领域的技术人员所熟知的普通知识。造成这种情况的原因是没有与现有技术进行认真比对，不清楚哪些技术特征是与最接近的现有技术共有的必要技术特征，哪些技术特征是区别于最接近的现有技术的特征。“划界”不清楚，会导致说明书中对区别技术特征带来的效果没有充分描述，从而影响其创造性。

问题 3：独立权利要求未从整体上反映发明或实用新型的技术方案，记载为解决其技术问题的必要技术特征。

以下是几种权利要求未反映出技术方案的情况：

① 缺少必要技术特征。一种情况是独立权利要求所记载的技术方案本身不完整，也就是因独立权利要求缺少一项或者几项必要技术特征，致使其余各个技术特征不能结合在一起，从而不能解决发明或实用新型所要解决的技术问题；另一种情况是技术方案本身是完整的，但专利说明书没有记载，且不能解决发明或实用新型所要解决的技术问题。

② 写入了非必要技术特征或局限于发明或实用新型的具体实施方式，致使发明或实用新型保护范围过窄。例如，“权利要求：1. 一种旋转式吸管瓶盖，由瓶(1)、封口膜(2)、瓶盖接头(3)、吸管(4)、护盖(5)组成，其特征在于，瓶(1)口上粘贴有封口膜(2)，瓶(1)口上通过螺纹(6)旋拧有瓶盖接头(3)，瓶盖接头(3)上通过螺纹(7)旋拧有吸管(4)，吸管

(4)上套插有护盖(5)。”其中的“通过螺纹(6)旋拧”“通过螺纹(7)旋拧”均为非必要技术特征,本领域技术人员完全可以通过其他方式,例如阶梯卡合、滑动槽等方式进行规避,从而绕出专利权的保护范围。

问题 4:几项独立权利要求不属于一个总的发明构思,不满足单一性。

《专利法》所称的“属于一个总的发明构思”是指具有相同或者相应的特定技术特征。该特定技术特征是指体现发明对现有技术作出贡献并存在技术上的关联。具备单一性允许在一件申请中请求保护的 6 种常见方式为:两项产品或者方法;产品＋专用制造方法;产品＋用途;产品＋专用制造方法＋用途;产品＋专用制造方法＋专用设备;方法＋专用设备。合案申请的几项发明或实用新型专利的两项产品独立权利要求,虽然对产品同一部件作出改进,但它们在技术上没有关联,则不具备单一性。例如,“权利要求:1.提手外形为圆环形”,解决的是提手不方便把握的技术问题,“权利要求:2.提手的剖面为 T 形”,解决的是提手结构不牢固的技术问题,两个权利要求的技术方案之间没有特定技术特征,不满足单一性。

7) 权利要求书的撰写和保护案例

本部分以“液体瓶灌装的质量检测系统”发明专利侵权案为例,阐述权利要求书的撰写和保护。

案情简介:某自动化研究所提出立项,研发液体瓶灌装的质量检测系统,但由于各种原因,项目启动后只进行了一段时间即被搁置。之后参加研发的某技术人员离职后创业,重新开发该液体瓶灌装的质量检测系统,获得成功并申请了发明专利。同一时期,自动化研究所应某饮料企业要求也在开发该系统,两家单位均完成开发,并应用于各饮料生产厂家。产品销售竞争激烈,为争夺市场,专利权人以侵犯发明专利权为由,起诉某饮料生产企业,要求停止侵权、销毁侵权产品并赔偿。

原告策略:①起诉使用单位,迫使使用单位举证后再追加第二被告(某自动化研究所);②要求被告支付发明专利公布后的使用费(被告涉嫌侵权产品使用时发明专利尚未授权)、侵权赔偿金、调查取证费和律师费;③以自己在专利申请日前安装使用的专利产品计算被告因侵权获得的利润;④提起侵权诉讼同时请求法院做证据保全。

被告应对策略:①以被告的产品缺少专利独立权利要求的必要技术特征抗辩不侵权;②以在专利申请日前已有使用公开,现有技术抗辩不侵权;③以申请日前原告及被告均已有相同产品使用公开,向国家知识产权局专利复审委员会提起宣告专利权全部无效。

涉案专利权利要求书的独立权利要求:“1.一种液体瓶灌装的质量检测系统,它包括:传感器(2)、至少一个摄像机(31,32,33,34)、至少一个光源(61,62,63)、计算机(13)、速度检测器(15)和剔除装置(7),其中传感器(2)和摄像机(31,32,33,34)装在液体瓶生产线(1)的一侧,光源(61,62,63)装在与摄像机(31,32,33,34)对应的液体瓶生产线(1)的另一侧,每个光源(61,62,63)垂直于与之对应的摄像机(31,32,33,34)的中心线,速度检测器(15)装在液体瓶生产线(1)上,检测液体瓶生产线(1)的传送速度,剔除装置(7)装在光源(61,62,63,64)后端液体瓶生产线(1)下游的一侧,计算机(13)分别与传感器(2)、摄像机(31,32,33,34)、速度检测器(15)和剔除装置(7)电连接,其特征在于:该系统还包括除水装置(4),它装在光源(61,62,63,64)前端液体瓶生产线(1)上游的一侧或两侧,除水装置(4)是吹气装置,它由1~20个喷气管(18)和支架(17)组成,支架(17)固定在液体瓶生产线(1)上,每个喷气管(18)与液体瓶生产线(1)中心面的夹角在45°~135°的范围内。"

"液体瓶灌装的质量检测系统"发明专利说明书中与速度检测器15有关的三幅说明书附图如图10.3所示。

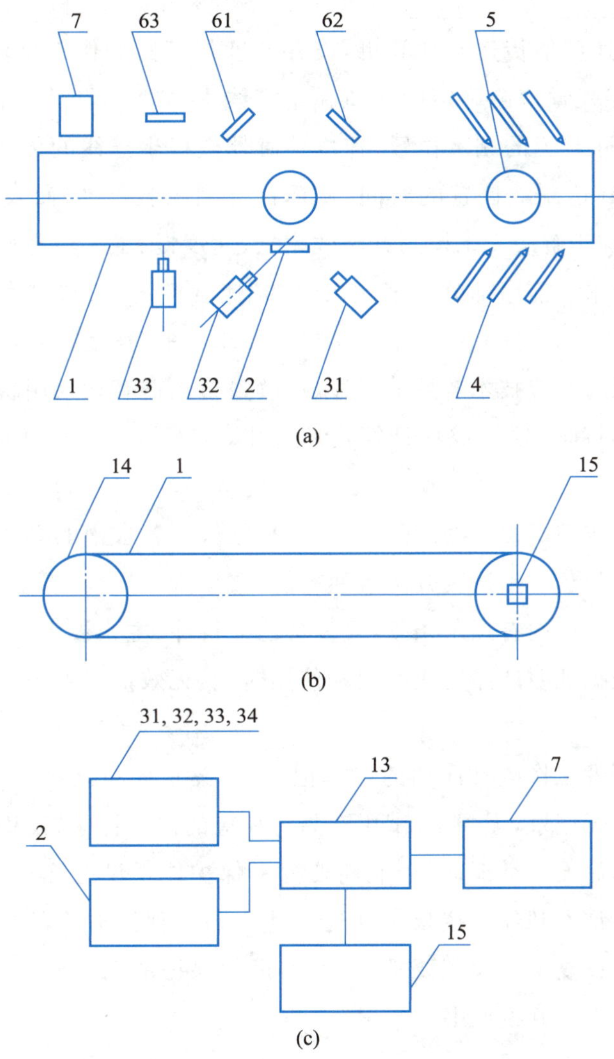

图10.3 "液体瓶灌装的质量检测系统"发明专利3张说明书附图

涉案专利说明书中关于"速度检测器"的表述,发明内容部分:"速度检测器装在液体瓶生产线上,检测液体瓶生产线的传送速度。""本发明的液体瓶灌装的质量检测系统,其中:所述速度检测器是编码器,它装在液体瓶生产线的转轴上并与计算机电连接。"实施例部分："速度检测器(15)装在液体瓶生产线(1)的转轴(14)上，以检测液体瓶生产线(1)的传送速度""同时速度检测器(15)一直监控液体瓶(5)的位置，当不合格的液体瓶(5)到达剔除装置(7)所在的位置时，计算机(13)向电磁阀(16)发送信号驱动推打头(8)，准确地剔除不合格液体瓶(5)，合格的液体瓶(5)流入下一道工序。"

本案要点：①权利要求和说明书撰写时，非必要技术特征记载在独立权利要求 1 的前序部分，且该技术特征的功能及效果未能记载在说明书中；②侵权判定之全面覆盖原则，全部技术特征相同或者等同(等同特征判断：基本相同的手段、基本相同的功能、基本相同的效果)。

速度检测器——技术特征的等同问题：在涉案专利中，速度检测器用于检测生产线的传送速度并将该速度值传送至计算机，设置速度传感器的作用是保证剔除装置准确动作剔除坏瓶，即经视觉检测确定的坏瓶在生产线上需要一段时间后才能从摄像机采集图像位置到达剔除装置的剔除位置，速度传感器获得生产线的传送速度，再经计算机换算进而获得坏瓶到达剔除位置的时间，从而保证剔除装置准确、及时动作剔除坏瓶。而本案的发明目的在于解决人工检测方法效率低、速度慢、工人容易疲劳的问题。因此，一方面，本案权利要求 1 前序部分中多次出现的"速度检测器"与本发明目的无关，可以不记载在权利要求 1 中。另一方面，记载于权利要求 1 的"速度检测器"在说明书中未能记载上述功能，也没有相应技术效果的描述，后续设备制造者均采用将生产线的速度、坏瓶到达剔除位置的时间直接集成在计算机芯片中，从而绕出了独立权利要求 1 的保护范围。

本案结果：①被告涉嫌侵权的产品中，缺少独立权利要求中的必要技术特征"速度检测器"，因此不构成侵权，一审法院判决驳回起诉，二审维持原判；②主张原告在先使用的产品只有一套，销售合同内有保密条款，且设备已被拆除；主张被告在先使用的产品属于试验用产品，没有证据证明产品完成时间和使用时间，无效证据不充分，最后撤回无效宣告请求。

本案反思：①研发工作应有详细的工作记录，本案某自动化研究所虽然有项目申报书，但后续研发工作无记录，无档案，试用产品无相应的出厂记录、使用记录，也没有及时申报专利，出现问题后无法举证；②企业商业秘密保护体系没有建立，一旦员工离职，无任何限制措施；③申请专利仅仅授权拿证远远达不到专利保护的目的，想要获得最大保护范围须精心设计、反复推敲权利要求书，并按最大保护范围的要求，即能够解释"等同技术特征"的要求认真写好说明书。

8）权利要求书撰写实例

本部分以"一种便携式折叠凳"实用新型专利(公告号 CN201854928U)为例，介绍权利要求书的撰写。

申请人提供的现有技术：方案一是折叠凳子，包括一凳面板和凳面板下方交叉铰接的支撑板。存在折叠凳承受较大重量时容易变形，长久使用后容易损坏，使用寿命较短等问题。方案二是便携式折叠凳，包括坐板和可转动连接在坐板下方四面的支撑板组件，坐板由前后对称设置可转动的前面板和后面板组成，支撑板组件同样由可转动的板件组成。存在坐板及支撑板组件各部分配合要求高，大小固定，且展开使用时稳定性不够的问题。

申请人声称其发明要解决的技术问题：提供一种结构简单、经久耐用、稳定性好、折叠后体积较小且便于携带的便携式折叠凳。进一步解决的技术问题：提供一种凳脚长度可调，且调节方式方便易行的便携式折叠凳。

申请人提供的发明技术方案（第一种实施方式）：如图 10.4 所示，便携式折叠凳包括凳面板、凳面板两侧的凳脚、将凳面板与两个凳脚铰接固定的支撑件以及设置在两个凳脚之间的水平设置的第一支撑架和第二支撑架，第一支撑架和第二支撑架之间的连接采用卡合机构：第一支撑架包括第一连接杆（2）和第一连接片（3），第一连接杆（2）两端分别与凳脚的两侧通过销钉铰接，第一连接片（3）一侧设有用于套在第一连接杆（2）中部的套管，另一侧设有卡合位；第二支撑架包括第二连接杆（4）和第二连接片（5），第二连接杆（4）两端分别与凳脚的两侧通过销钉铰接，第二连接片（5）一侧设有用于套在第二连接杆（4）中部的套管，另一侧设有与第一连接片（3）的卡合位相配合的卡合机构。

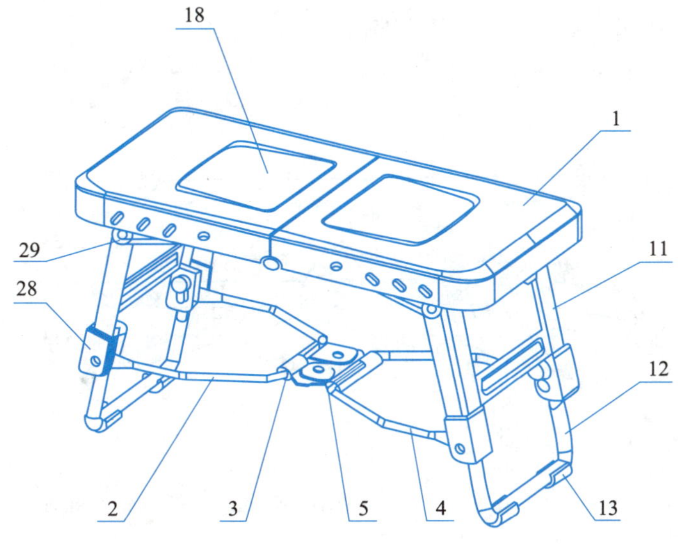

图 10.4 便携式折叠凳第一种实施方式的附图

检索国内专利得到的现有技术：

① 实用新型专利 CN200998055Y 说明书公开的一种便携式连体折叠凳如图 10.5 所示。技术方案包括凳面板、支撑件以及将凳面板、支撑件连接一体的活榫，其中左凳面板与右凳面板之间设有耦合连接的活榫，左凳面板与右支撑件之间设有耦合连接的活榫，右凳面板与左支撑件之间设有耦合连接的活榫。上述便携式连体折叠凳采用耦合连接的活榫结构，使凳面板与支撑件之间连为一体，不易损坏，经久耐用；但上述便携式连体折叠凳折叠后体积较大，质量较大，携带不便。

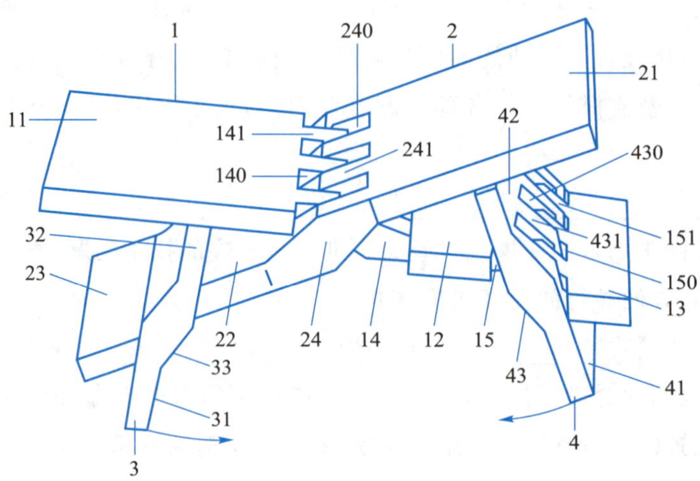

图 10.5 CN200998055Y 说明书公开的一种便携式连体折叠凳附图

② 实用新型专利 CN201026035Y 说明书公开的一种折叠凳子如图 10.6 所示。该技术方案包括凳面板和两块板式凳脚，所述凳面板为大小和形状相同的两块小面板铰连而成，所述两块板式凳脚分别与两块小面板铰连，使凳子完全折拢后，折叠后的凳子的大小大于或等于凳面板的二分之一。由于只有一个交叉铰接点，故存在折叠凳承受较大重量时容易变形，长久使用后容易损坏，使用寿命较短的问题。

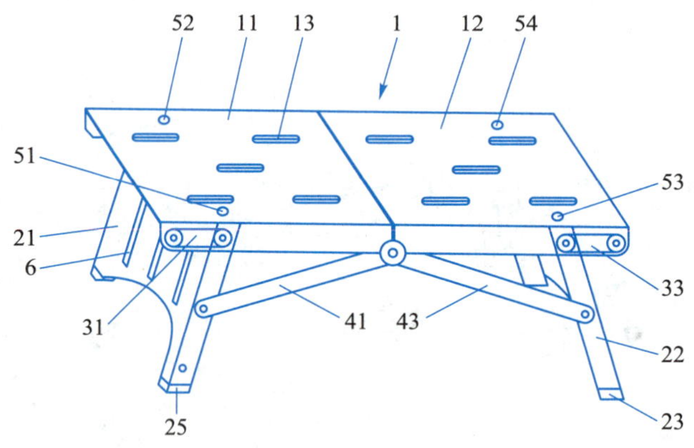

图 10.6 CN201026035Y 说明书公开的一种折叠凳子附图

技术分析后提供的第二种实施方式：如图 10.7 所示，第一支撑架和第二支撑架之间的连接采用螺纹连接机构：第一支撑架包括第一固定杆（6）和第一固定杆（6）中部铰接的第三连接杆（7），第三连接杆（7）靠近第一固定杆（6）一端设有用于与第一固定杆（6）中部铰接的第一限位筒（42），第一固定杆（6）两端分别与凳脚的两侧固定，第三连接杆（7）远离第一固定杆（6）的一端端部设有定位块；第二支撑架包括第二固定杆（8）和第二固定杆（8）中部铰接的第四连接杆（9），第四连接杆（9）靠近第二固定杆（8）的一端设有用于与第二固定杆（8）中部铰接的第二限位筒（44），第二固定杆（8）两端分别与凳脚的两侧固定；第三连接杆（7）和第四连接杆（9）通过连接套筒（10）内的螺纹结构相互固定。

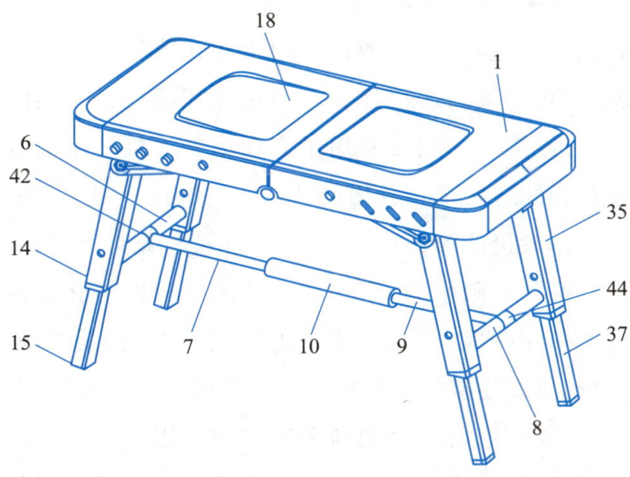

图 10.7 便携式折叠凳第二种实施方式的附图

其他可改进的技术方案：为满足多种场合的使用，可采用可调高度凳脚机构，例如通过铰接加长凳脚的方式来调节凳脚的高度；为提高凳脚的防滑性能可在加长凳脚底端套设若干胶套，增大加长凳脚与地面的摩擦力；另外，可以选用 U 形的延长杆或其他形状的延长杆作为加长凳脚，或者也可选用可伸缩机构作为凳脚。同样，为了提高凳脚的防滑性能可在伸缩杆的底端设置胶底座，增加凳脚与地面之间的摩擦力，增加凳子使用过程中的稳定性。

权利要求的撰写：

（1）找出发明的主要技术特征

① 两个凳面板，通过定位销铰接。两个面板相互靠近的一侧分别设有相互交错设置的用于定位销穿过的圆柱孔，两端的圆柱孔内分别设有若干定位凹槽，定位销两端分别套有弹性定位管，定位管外壁分别设有与定位凹槽配合的定位凸块，用于凳面板开合时自动定位。或者，两个面板相互靠近的一端的两侧分别设有一个定位孔，两个面板相对应的一侧通过连接板相互铰接，连接板包括内连接板和外连接板，内连接板和外连接板上分别设有相互对正且与面板上相应的定位孔相配合的通孔，通过销钉将两个面板销紧。

② 凳面板两侧的凳脚。主凳脚、加长凳脚、加长凳脚底端的胶脚。或者，凳脚包括两个伸缩杆以及将两个伸缩杆顶端固定的固定板，伸缩杆的底端固定有胶底座。

③ 凳面板与两个凳脚铰接固定的支撑件。主凳脚上部两侧分别通过两个单独的支撑斜板与面板通过销钉销紧。或者，支撑件包括固定方向不同的第一支撑杆和第二支撑杆，其中第二支撑杆由两个相互铰接的支撑斜板组成；第一支撑杆和第二支撑杆的两端分别与凳脚和凳面板铰接。

④ 设置在两个凳脚之间水平的第一支撑架和第二支撑架；第一支撑架和第二支撑架相互靠近的一侧通过连接机构相互可拆卸连接，第一支撑架和第二支撑架的另一侧分别

与两个凳脚铰接。第一支撑架包括第一连接杆和第一连接片，第一连接杆两端分别与凳脚的两侧通过销钉铰接，第一连接片一侧设有用于套在第一连接杆中部的套管，另一侧设有卡合位；第二支撑架包括第二连接杆和第二连接片，第二连接杆两端分别与凳脚的两侧通过销钉铰接，第二连接片一侧设有用于套在第二连接杆中部的套管，另一侧设有与第一连接片的卡合位相配合的卡合机构（如图 10.4 所示）。或者，第一支撑架包括第一固定杆和第一固定杆中部铰接的第三连接杆，第三连接杆靠近第二固定杆一端设有用于与第一固定杆中部铰接的第一限位筒，第一固定杆两端分别与凳脚的两侧固定，第三连接杆远离第一固定杆的一端端部设有定位块；第二支撑架包括第二固定杆和第二固定杆中部铰接的第四连接杆，第四连接杆靠近第二固定杆的一端设有用于与第二固定杆中部铰接的第二限位筒，第二固定杆两端分别与凳脚的两侧固定，第四连接杆远离第二固定杆的一端端部设有外螺纹；第三连接杆和第四连接杆通过连接套筒相互固定，连接套筒靠近第三连接杆的一端端口为缩口设置，缩口的内径小于第三连接杆一端定位块的直径，连接套筒腔体直径大于定位块的直径，连接套筒靠近第四连接杆一端设有与第四连接杆一端外螺纹相配合的内螺纹，用于与第四连接杆连接（如图 10.7 所示）。

⑤ 其他改进方式。凳面板一侧设有把手；面板顶面设有按摩凸起或装饰面板。

（2）确定与本发明最接近的现有技术

实用新型专利 CN201026035Y 说明书公开的一种折叠凳子为与本发明最接近的现有技术，理由一是所解决的技术问题与本发明比较相似，即均为便携的折叠凳子；理由二是包含更多的共有技术特征，如凳面板由大小和形状相同的两块小面板铰连而成，两块板式凳脚分别与两块小面板铰连。

（3）根据本发明所解决的技术问题，列出本发明为解决该技术问题所必须包括的全部必要技术特征

对便携式折叠凳权利要求 1 的必要技术特征进行分析，如表 10.1 所示。

表 10.1　便携式折叠凳独立权利要求 1 的必要技术特征分析表

要实现的功能	必要技术特征	特征类型
体积小、便携	两个凳面板，通过定位销铰接	部件
	凳面板两侧的凳脚	部件、位置关系
	凳面板与两个凳脚铰接固定的支撑件	部件、位置关系
稳定性好	设置在两个凳脚之间的水平设置的第一支撑架和第二支撑架；第一支撑架和第二支撑架相互靠近的一侧通过连接机构相互可拆卸连接，第一支撑架和第二支撑架的另一侧分别与两个凳脚铰接	部件、功能、位置关系 采用上位概念，范围宽

(4) 撰写独立权利要求

与最接近的现有技术做比较，将它们共有的必要技术特征写入独立权利要求的前序部分，将本发明区别于最接近现有技术的必要技术特征写入特征部分。

共有的必要技术特征：①凳面板；②凳面板底面两侧的两个凳脚；③将两个凳脚与凳面板铰接的支撑件；④凳面板由两块相等的面板铰接形成。

区别技术特征：①两个凳脚之间设有水平设置的第一支撑架和第二支撑架；②第一支撑架和第二支撑架相互靠近的一侧通过连接机构相互可拆卸连接，第一支撑架和第二支撑架的另一侧分别与两个凳脚铰接。

形成独立权利要求如下。

◆ 独立权利要求 1. 一种便携式折叠凳，包括凳面板、凳面板底面两侧的两个凳脚以及将两个凳脚与凳面板铰接的支撑件，凳面板由两块相等的面板铰接形成，其特征在于，所述两个凳脚之间设有水平设置相互可折叠的第一支撑架和第二支撑架，第一支撑架和第二支撑架相互靠近的一侧通过连接机构相互可拆卸连接，第一支撑架和第二支撑架的另一侧分别与两个凳脚铰接。

(5) 撰写从属权利要求

对其他附加技术特征进行分析，特别是把那些对创造性可能起作用的附加技术特征写成相应的从属权利要求。

在独立权利要求 1 基础上，研究对本发明的便携式折叠凳的稳定性作出主要贡献的“第一支撑架和第二支撑架通过连接机构可拆卸连接”的优选方式，对其附加特征进行分析，如表 10.2 所示。

表 10.2 便携式折叠凳从属权利要求的附加特征分析表（1）

从属权利要求	附加功能	附加特征
从属权利要求 2	结构稳定、便于拆卸	第一支撑架和第二支撑架通过卡合机构可拆卸连接
从属权利要求 3	结构稳定、便于拆卸	第一支撑架和第二支撑架通过套筒螺纹机构可拆卸连接

形成从属权利要求 2 和从属权利要求 3 如下（附图见图 10.4 和图 10.7）。

◆ 从属权利要求 2.根据权利要求 1 所述的便携式折叠凳，其特征在于，所述的第一支撑架包括第一连接杆和第一连接片，第一连接杆两端分别与凳脚的两侧铰接，第一连接片一侧设有用于套在第一连接杆中部的套管，另一侧设有卡合位；所述的第二支撑架包括第二连接杆和第二连接片，第二连接杆两端分别与凳脚的两侧铰接，第二连接片一侧设有用于套在第二连接杆中部的套管，另一侧设有与第一连接片的卡合位相配合的卡合机构。

◆ 从属权利要求 3.根据权利要求 1 所述的便携式折叠凳，其特征在于，所述的第一支撑架包括第一固定杆和第一固定杆中部铰接的第三连接杆，第一固定杆两端分别与凳脚的两侧固定，第三连接杆远离第一固定杆的一端端部设有定位块；所述的第二支撑架包括第二固定杆和第二固定杆中部铰接的第四连接杆，第二固定杆两端分别与凳脚的两侧固定，第四连接杆远离第二固定板的一端端部设有外螺纹；第三连接杆和第四连接杆通过连接套筒相互固定，连接套筒靠近第三连接杆的一端端口为缩口设置，缩口的内径小于第三连接杆一端定位块的直径，连接套筒腔体直径大于定位块的直径，连接套筒靠近第四连接杆一端设有与第四连接杆一端外螺纹相配合的内螺纹，用于与第四连接杆连接。

在权利要求 1、2 或 3 的方案基础上还可增加“凳脚长度可调”的具体结构，对其附加特征进行分析，如表 10.3 所示。

表 10.3　便携式折叠凳从属权利要求的附加特征分析表(2)

从属权利要求	附加功能	附加特征
从属权利要求 4	凳脚长度可调、防滑	主凳脚＋加长凳脚＋胶套
从属权利要求 5	凳脚长度可调、防滑	固定板＋伸缩杆＋胶底座

形成从属权利要求 4、从属权利要求 5 如下(附图见图 10.4 和图 10.7)。

◆ 从属权利要求 4.根据权利要求 1—3 任一权利要求所述的便携式折叠凳，其特征在于，所述的凳脚包括主凳脚和与主凳脚底端两侧铰接的加长凳脚，加长凳脚底端套设若干胶套。

◆ 从属权利要求 5.根据权利要求 1—3 任一权利要求所述的便携式折叠凳，其特征在于，所述的凳脚包括两个伸缩杆以及将两个伸缩杆顶端固定的固定板，伸缩杆的底端固定有胶底座。

在权利要求 1、2 或 3 的方案基础上还可以增加“面板铰接方式”的具体结构，对其附加特征进行分析，如表 10.4 所示。

表 10.4　便携式折叠凳从属权利要求的附加特征分析表(3)

从属权利要求	附加功能	附加特征
从属权利要求 6	折叠后体积较小，便于携带、牢固稳定	定位销＋圆柱孔＋定位凹槽＋弹性定位管＋定位凸块
从属权利要求 7	折叠后体积较小，便于携带、加工简单	连接板＋铰接

形成从属权利要求 6、从属权利要求 7 如下(附图见图 10.4 和图 10.7)。

◆ **从属权利要求 6.** 根据权利要求 1—3 任一所述的便携式折叠凳，其特征在于，所述的两个面板通过定位销铰接，两个面板相互靠近的一侧分别设有相互交错设置的用于定位销穿过的圆柱孔，两端的圆柱孔内分别设有若干定位凹槽，定位销两端分别套有弹性定位管，定位管外壁分别设有与定位凹槽配合的定位凸块，用于凳面板开合时自动定位。

◆ **从属权利要求 7.** 根据权利要求 1—3 任一所述的便携式折叠凳，其特征在于，所述的两个面板相互靠近的一端的两侧分别设有连接板，连接板的两端分别与两个面板相应的一侧铰接。

进一步，可在上述方案基础上就其他带有附加功能，例如增加稳定性的支撑件具体结构、方便携带的把手、增加稳定性的加长凳脚的形状、增加舒适度的面板具体结构或者增加美观性的面板装饰结构等技术方案作进一步挖掘，增加从属权利要求的项数。

我国知识产权工作已进入新的发展阶段，切实推动我国从知识产权引进大国向创造大国转变，从追求数量向提高质量转变，是对知识产权工作的必然要求。而高质量专利的基础是高质量的专利申请文本，应重视专利文本质量，切实使技术创新通过专利得到真正的保护。

10.4 发明创造性的判断

《专利法》第 22 条第 1 款规定，授予专利权的发明和实用新型应当具备新颖性、创造性和实用性。因此申请专利的发明具备创造性是授予其专利权的必要条件之一。常见的不具备创造性的发明专利申请审查意见摘选如图 10.8 所示。

关于权利要求书：

☐ 权利要求 ____ 不符合专利法第2条第2款的规定。
☐ 权利要求 ____ 不符合专利法第9条第1款的规定。
☐ 权利要求 ____ 不具备专利法第22条第2款规定的新颖性。
☒ 权利要求 1—8 不具备专利法第22条第3款规定的创造性。

…………

7. 基于上述结论性意见，审查员认为：

☐ 申请人应当按照通知书正文部分提出的要求，对申请文件进行修改。
☐ 申请人应当在意见陈述书中论述其专利申请可以被授予专利权的理由，并对通知书正文部分中指出的不符合规定之处进行修改，否则将不能授予专利权。
☒ 专利申请中没有可以被授予专利权的实质性内容，如果申请人没有陈述理由或者陈述理由不充分，其申请将被驳回。

…………

基于上述理由，本申请的独立权利要求以及从属权利要求都不具备创造性，同时说明书中也没有记载其他任何可以授予专利权的实质性内容，因而即使申请人对权利要求进行重新组合和/或根据说明书记载的内容作进一步的限定，本申请也不具备被授予专利权的前景。如果申请人不能在本通知书规定的答复期限内提出表明本申请具有创造性的充分理由，本申请将被驳回。

图 10.8　常见的不具备创造性的发明专利申请审查意见摘选

10.4.1 创造性的基本概念

发明的创造性是指与现有技术相比,该发明有突出的实质性特点和显著的进步。根据《专利法》第 22 条规定,现有技术是指申请日以前在国内外为公众所知的技术。现有技术包括在申请日(有优先权的,指优先权日)以前在国内外出版物上公开发表、在国内外公开使用或者以其他方式为公众所知的技术。在专利申请日以前,发表论文、广告宣传、任何人包括自己销售产品等均有可能公开技术而成为现有技术。

在申请日以前由任何单位或个人向专利局提出过的申请并且记载在申请日以后公布的专利申请或者公告的专利文件中的内容,不属于现有技术,在评价发明创造性时不予考虑。这类专利申请称为抵触申请。

应注意现有技术和专有技术两者的定义完全不同。专有技术是指从事生产、管理和财务等活动领域的一切符合法律规定条件的秘密知识、经验和技能,其中包括工艺流程、公式、配方、技术规范、管理和销售的技巧与经验等,也称技术诀窍、非专利技术。专有技术一般具备三个法律要件:秘密性、具有商业价值、其合法拥有者已按照实际情况采取了合理措施对其予以保密。

突出的实质性特点是指对所属技术领域的技术人员来说,发明相对于现有技术是非显而易见的。如果发明是所属技术领域的技术人员在现有技术基础上通过合乎逻辑的分析、推理或者有限的试验可以得到的,则该发明是显而易见的,也就不具备突出的实质性特点。

创造性的判断基于所属技术领域的技术人员的知识和能力进行评价,所属技术人员具有以下特征:所属技术领域的技术人员是虚拟的人;知晓申请日前所属技术领域的普通技术知识;能够获知该技术领域中所有的现有技术;具有申请日之前常规的实验手段和能力;不具有创造能力。

显著的进步是指发明与现有技术相比能够产生有益的技术效果。以下情况被认为具有显著的进步:与现有技术相比具有更好的技术效果,例如质量改善、产量提高、节约能源、防治环境污染等;提供了一种技术构思不同的技术方案,其技术效果能够基本上达到现有技术的水平;代表了某种新技术发展趋势;尽管发明在某些方面有负面效果,但在其他方面具有明显积极的技术效果。

10.4.2 创造性的审查原则和判断方法

1) 审查原则

创造性的审查原则有:同时审查、整体分析、结合对比。

(1) 同时审查

同时审查是指审查发明是否具备创造性,应当审查发明是否具有突出的实质性特点,同时还应当审查发明是否具有显著的进步。

审查是否具备创造性时,需要同时审查突出的实质性特点和显著的进步两个条件。

两个条件的相互关系是：具有突出的实质性特点，则基本上可以认定其也具有显著的进步；如果发明由于产生预料不到的技术效果而具有显著的进步，则可认定该发明具有突出的实质性特点。

发明取得了预料不到的技术效果，是指发明同现有技术相比，其技术效果产生“质”的变化，具有新的性能；或者产生“量”的变化，超出人们预期的想象。这种“质”或者“量”的变化，对所属技术领域的技术人员来说，事先无法预测或者推理出来。最常见的两种情况包括：现有技术是否存在技术启示；是否存在技术要素的协同作用而产生的显著效果，即出现“1+1 > 2”的情况。

(2) 整体分析

整体分析是指在评价发明是否具备创造性时，审查员不仅要考虑发明的技术方案本身，而且还要考虑发明所属技术领域、所解决的技术问题和所产生的技术效果，将发明作为一个整体看待。

对技术方案本身、解决的技术问题和有益效果作整体分析，在判断是否具有突出的实质性特点和显著的进步时，不仅要分析技术特征，还要结合对本发明所要解决的技术问题、有益效果进行分析，不能简单粗暴地对单一技术特征进行分析。

(3) 结合对比

结合对比是指审查创造性时，将一份或者多份现有技术中不同的技术内容组合在一起对要求保护的发明进行评价。

在审查创造性时，是将几项现有技术结合起来与专利申请要求保护的技术方案进行对比分析，常见的有：一篇对比文件与公知常识结合，两篇或多篇对比文件结合。

2) 突出的实质性特点判断方法

判断发明是否具有突出的实质性特点，就是要判断对本领域的技术人员来说，要求保护的发明相对于现有技术是否显而易见。判断是否显而易见，常采用“三步法”进行：确定最接近的现有技术；确定发明的区别特征和发明实际解决的技术问题；判断要求保护的发明对本领域的技术人员来说是否显而易见。

从最接近的现有技术和发明实际解决的技术问题出发，判断要求保护的发明对本领域的技术人员来说是否显而易见。判断过程中，要确定现有技术整体上是否存在某种技术启示，即现有技术中是否给出了将上述区别特征应用到该最接近的现有技术，以解决其存在的技术问题（即发明实际解决的技术问题）的启示，这种启示会使本领域的技术人员在面对所述技术问题时，有动机改进该最接近的现有技术并获得要求保护的发明。

通常认为现有技术中存在的技术启示包括：所述区别特征为公知常识（例如，本领域中解决该重新确定的技术问题的惯用手段，或教科书、工具书等披露的解决该重新确定的技术问题的技术手段）；所述区别特征为与最接近的现有技术相关的技术手段；所述区别特征为另一份对比文件中披露的相关技术手段，该技术手段在该对比文件中所起的作用与该区别特征在要求保护的发明中为解决该重新确定的技术问题所起的作用相同。

创造性判断需要考虑的因素有：发明解决了人们一直渴望解决但始终未能获得成功的技术难题；发明克服了技术偏见；发明取得了预料不到的技术效果；发明在商业上获得了成功。

10.5 专利挖掘

10.5.1 专利挖掘基本知识

专利挖掘是指有意识地对创新成果进行创造性的剖析和甄选，进而从最合理的权利保护角度确定用以申请专利的技术创新点和技术方案的过程。

专利挖掘的基础是技术挖掘，是从创新成果中发掘技术创新点，再从技术创新点梳理技术方案，最终形成专利申请的过程。

发现问题、解决问题是基础，对技术成果进行剖析、拆分、筛选以及合理推测，最后形成专利申请，是升华。

对于研究生以及企业的研发人员来说，专利挖掘是撰写专利申请的基础。通过专利挖掘，会破除认识误区，改变人们的想法，从而推动专利工作的开展。

10.5.2 专利挖掘的具体过程

从专利挖掘工作开展的基础角度进行分类，一般分为以技术研发为基础的专利挖掘和以现有专利为基础的专利挖掘。

1）以技术研发为基础的专利挖掘

技术研发是科研工作的核心，在技术研发过程中可挖掘出大量的汇聚技术创新成果的专利，是最有效的专利挖掘出发点。以技术研发为基础的专利挖掘可细分为基于研发项目的专利挖掘、围绕创新点的专利挖掘、围绕技术标准构建的专利挖掘和围绕技术改进的专利挖掘。

（1）基于研发项目的专利挖掘

研发项目是科研日常活动中创新点密度最高的部分，是进行专利挖掘的重点对象。以研发项目为起点，从技术功能、技术架构以及要达到的技术效果进行逐级拆分，直到细分至每个技术要素，然后针对每个技术要素总结技术研发可能取得的创新点，提炼出相应的技术方案，从而达到申请专利的目的。

◆ **挖掘示例：** 基于手机研发项目的专利挖掘

从技术功能和技术架构分别进行拆分，分解技术要素，梳理可能产生的具体技术创新点，以技术创新点为基础单元提炼、总结技术方案，最终形成多个专利。具体技术逐级拆分图如图 10.9 所示。

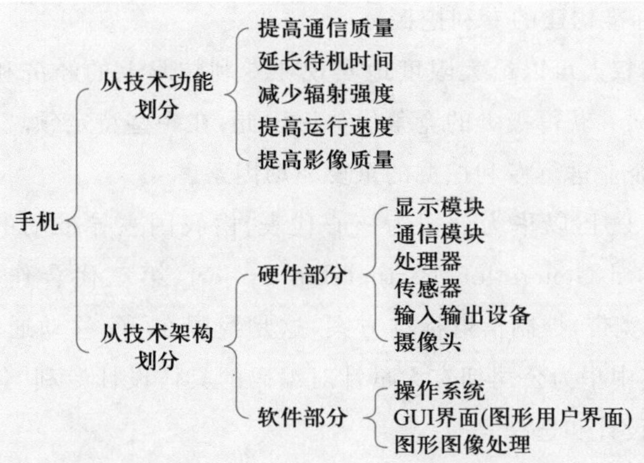

图 10.9 基于手机研发项目专利挖掘的技术逐级拆分图

(2) 围绕创新点的专利挖掘

围绕创新点的专利挖掘需要通过技术分析,从不同的扩展方向找出相关联的技术因素,再进行多维度的扩展延伸,找到可能存在的外围创新点,形成多个专利。挖掘过程中,要注意每件专利申请以解决一个技术问题为发明目的,要详细列出相关的技术问题,分析相应的解决方案,最后形成专利申请,从而达到全面保护的效果。此类挖掘要注意,专利申请属于单一目标管理。

◆ 挖掘示例:围绕螺栓胀缩槽创新点的专利挖掘

从应用螺栓胀缩槽的螺栓产品开始,分析出应用该新结构的螺栓有三种结构:自动锁紧放松式、拉紧式和顶紧式。这三种结构均共同使用了"螺栓胀缩槽"这个基础创新点,但采用了三种不同的锁紧方式,再沿技术链对每种螺栓的上下游进行技术要求分析,上游对螺栓相应的制造方法及设备进行拓展,下游对螺栓施工方法、相配套的工装设备进行拓展,再进一步延伸到更下游的产品,即具体应用等。专利挖掘扩展延伸图如图 10.10 所示。

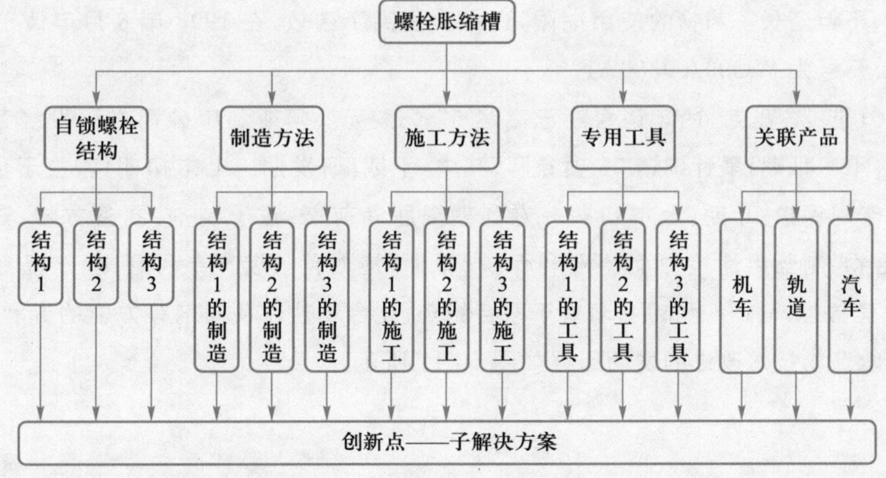

图 10.10 围绕螺栓胀缩槽创新点的专利挖掘扩展延伸图

（3）围绕技术标准构建的专利挖掘

借助标准，专利权人可以最大限度地实现在专利技术上的经济利益，有时还能主导相关技术的发展方向并获得极大的竞争优势。因此，在一些特定领域，如移动通信领域，技术标准的制定是企业进行专利挖掘的重要驱动因素。

例如，2016 年 11 月，以华为公司为核心代表、由我国主导推动的 Polar Code（极化码）方案被 3GPP（3rd Generation Partnership Project，第三代合作伙伴计划）采纳为 5GeMBB（增强移动宽带）控制信道标准方案，这是我国在 5G 移动通信技术研究和标准化上的重要进展，其中华为公司拥有大量针对编码的具体设计专利[包括编码矩阵构造、IR（中间表示）版本设计和选择等]。

围绕技术标准，通过对分析标准的发展需要、标准的技术空白点以及如何达到标准要求等方面进行的专利挖掘，达到新的专利申请和新标准提案的互动的目的。

（4）围绕技术改进的专利挖掘

围绕技术改进的专利挖掘是指为了解决产品存在的技术问题、缺陷或者不足所进行的专利挖掘。另外，在有新技术出现时，还要考虑是否能结合新技术，来解决产品出现的问题，从而挖掘出更多的专利。

◆**挖掘示例：** 奥美拉唑药物技术改进的发明历程

奥美拉唑是美国阿斯利康公司的一种治疗胃病的原研药品，1966 年开始投入研究，1979 年 4 月提出专利申请，公开号为 EP0005129A1。但在其后的生产和使用过程中发现，奥美拉唑的存储稳定性很差，极易发生化学反应，药物的使用期限很短。因此研发人员对其进行了改进，使用奥美拉唑钠盐、镁盐代替原来的奥美拉唑，从而改善了其存储稳定性，在 1984 年 2 月申请了新的专利，公开号为 EP0124495A2。1988 年（于瑞典）和 1989 年（于美国）药品洛赛克®上市，使用过程中发现，奥美拉唑钠盐的吸湿性很强，影响药物的使用期限。阿斯利康公司继续进行技术改进，采用新型钠盐代替普通钠盐，不但延长了药物的使用期限，还大大提高了药效，在 1998 年 6 月申请了 PCT 专利，公开号为 WO99/00380A1。

2001 年，洛赛克®的年销售额已高达 67 亿美元。阿斯利康公司在研发经营的不同阶段（Ⅰ～Ⅲ期）累计申请 96 项专利，其中：Ⅰ期（研发期～上市初期）着重于化合物方面的专利保护；Ⅱ期（上市初期～专利期限届满前）着重于制剂、制备方法、药物晶形、组合物、制药用途等方面的专利保护；Ⅲ期（应对洛赛克®专利悬崖）产品线延伸(S)-奥美拉唑（耐信）上市后，着重于联合给药、化合物盐以及制剂等方面的专利保护。奥美拉唑药物技术改进的发明历程如图 10.11 所示。

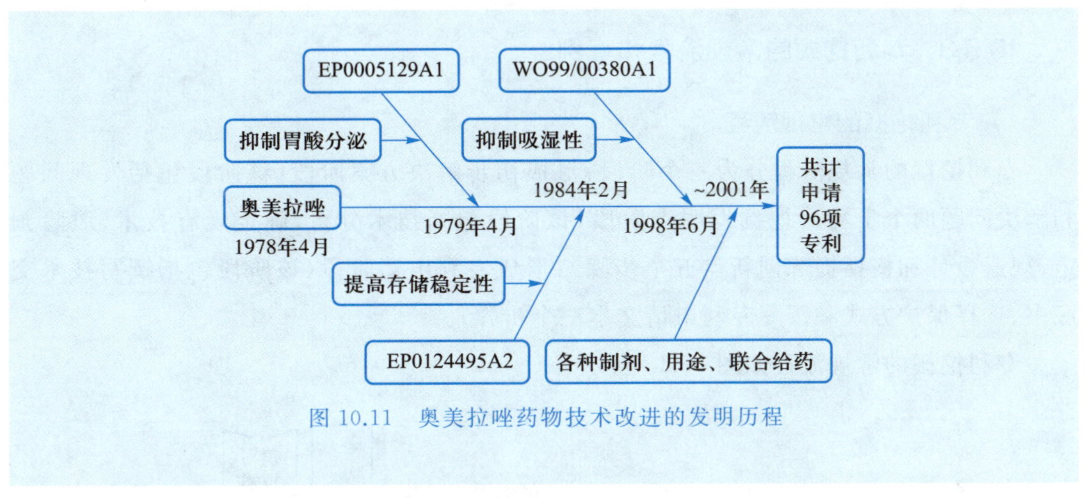

图 10.11 奥美拉唑药物技术改进的发明历程

2）以现有专利为基础的专利挖掘

专利文献集技术、法律、经济信息于一体，是一种数据量巨大、内容广博的信息资源，经过专利制度几百年的积累和快速发展，已经涵盖了超过 80%的当今世界领先技术科学信息。对专利文献进行深入分析，能够掌握某个技术领域的发展历程，还可以获知该领域未来技术的发展方向、重点和空白点。因此，以现有专利为基础进行专利挖掘，可以给研发人员提供研发方向，减少研发过程中的盲目和浪费，在开发出技术先进且有市场潜力的产品后完成专利挖掘的任务。

以现有专利为基础的专利挖掘可进一步细分为围绕完善专利组合的专利挖掘、针对规避设计的专利挖掘和包绕竞争对手核心专利的专利挖掘。

(1) 围绕完善专利组合的专利挖掘

企业从识别自有核心专利出发，厘清应申请专利的技术创新点中哪些是核心技术，哪些是外围技术，进而确定每一件专利的作用和重要性。然后以核心专利为中心，多维度、全方位综合梳理关联技术点，从而形成专利网，达到全方位的专利保护。例如从核心专利出发，以替代和改进两个维度进行专利挖掘的过程。

(2) 针对规避设计的专利挖掘

规避设计又称回避设计，是指对涉及风险专利的产品或产品中的某些特征重新进行研发、设计，使其产品具有差异化的特征，能够区别于风险专利的技术方案，从而消除风险专利的威胁。规避设计的原则是要素减少、要素替代和彻底改型。

(3) 包绕竞争对手核心专利的专利挖掘

包绕竞争对手核心专利的专利挖掘的目的是削弱竞争对手的核心专利价值，提高自身竞争力，增加与竞争对手交叉许可或专利诉讼中的谈判筹码。

对竞争对手的核心专利可通过四个维度进行识别：与产品对应的维度、技术价值维度、法律价值维度、市场价值维度。具体应对时可从产业链上游、产业链下游、工程实现方向、核心零部件方向、技术方案改进方向包绕。

10.5.3　专利挖掘的常规流程和案例

1）专利挖掘的常规流程

专利挖掘的常规流程分为三个阶段：形成初步解决方案阶段（该阶段包括发现问题和解决问题两个步骤）；挖掘发明点阶段（该阶段包括技术分析、确定现有技术、风险判定、规避设计和概括提炼创新点五个步骤）；形成专利申请阶段（该阶段包括撰写技术交底书、选择保护方式和撰写专利申请文本三个步骤）。

专利挖掘的常规流程如图 10.12 所示。

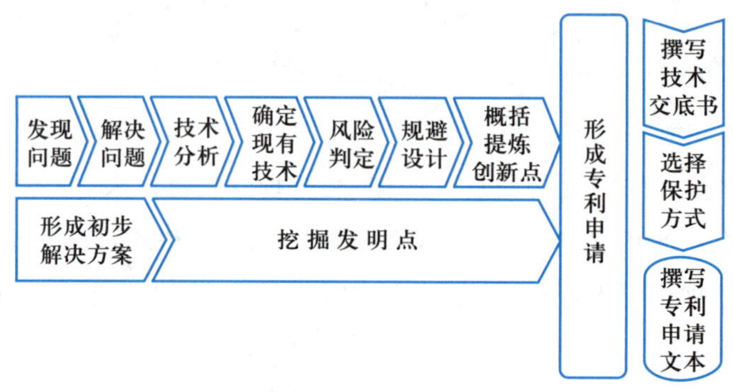

图 10.12　专利挖掘的常规流程图

2）从挖掘发明点到专利申请

在挖掘发明点过程中得到的产品改进、设备改进、部件改进、工装改进、新方法（包括制造方法、控制方法、检测方法等）、新组合、新用途等均可以一一申请专利，从而形成严密的专利保护网。

撰写技术交底书先从技术方案的专利总结开始，技术方案的专利总结可以从五个问题进行思考：你要干什么，别人怎么干，你怎么干，有什么好处，具体怎么干。通过对上述五个问题的逐一答复，形成专利申请的技术交底书，再按照《专利审查指南》进行说明书的每一部分的具体撰写，同时对权利要求书进行精心设计、反复推敲，最终形成高质量的专利申请文本。

3）专利挖掘案例

本部分以防风伞专利挖掘为例，介绍专利挖掘的具体过程（本案例参考 CN209403803U、CN207639793U 进行描述）。

（1）形成初步解决方案阶段

发现问题：如图 10.13 所示，大风大雨时，手里的伞被吹翻了……

解决问题：如图 10.14 所示，技术人员针对问题，设计一种防风伞，带有双层伞面，双层伞面之间有通风间隙，伞面间通过绳子固定。

（2）挖掘发明点阶段

技术分析：对上述改进方案进行技术分析，第一伞面和下方的第二伞面，两者之间具

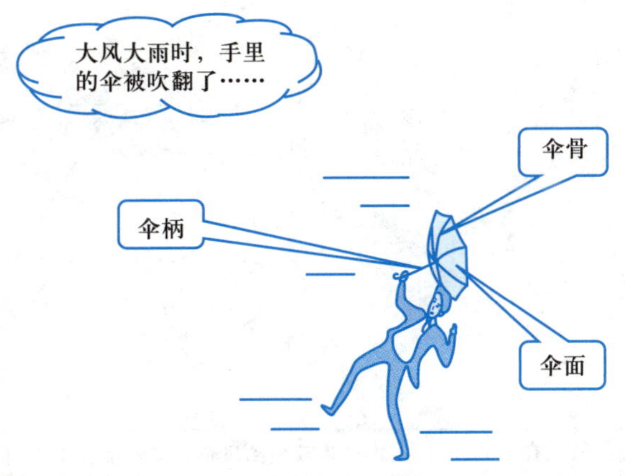

图 10.13 日常使用的雨伞结构

有通风间隙;第二伞面的中间开有一直径小于第一伞面的出风口;第二伞面与第一伞面的边缘通过拉绳固定。防风伞技术分析过程如图 10.15 所示。

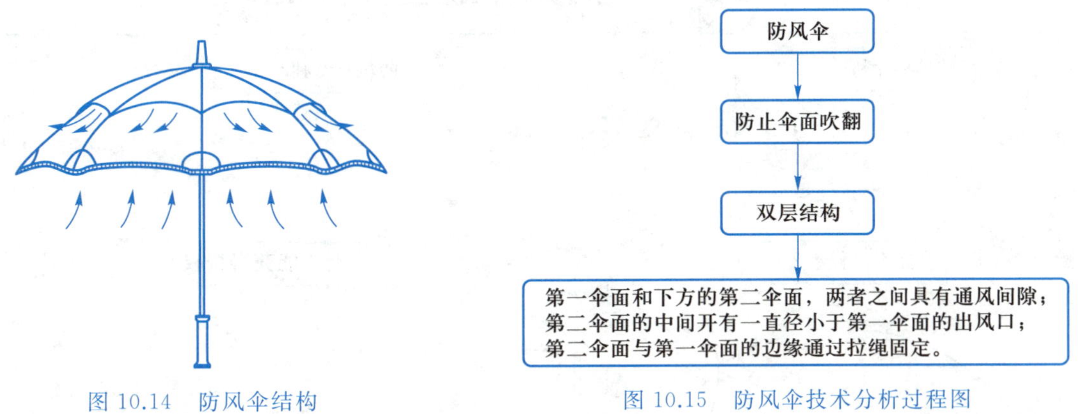

图 10.14 防风伞结构

图 10.15 防风伞技术分析过程图

确定现有技术:经专利检索,检索到已有两件授权专利,授权的独立权利要求和主要附图如图 10.16 所示。

风险判定:如图 10.17 所示,风险判定需要在两个维度进行。一是会不会侵犯他人专利权? 二是直接申请专利,能不能获得授权? 首先对侵权风险进行判定,由于两件专利的独立权利要求保护范围均为双层结构,对比防风伞专利 1 是两层伞布之间由弹性材料连接,对比防风伞专利 2 是两层伞布和伞骨,两层伞布可拆卸连接。因此,上述改进后的技术方案显然落入防风伞专利 1 的保护范围。其次对授权前景进行判定,由于上述改进后的技术方案具有技术启示,相对上述第一份现有技术(防风伞专利 1)或者两份现有技术的结合,也未产生意料不到的技术效果,显然创造性高度不够,从而导致申请被驳回而无法获得授权。

规避设计:通过检索、风险判定后进行规避设计。

如图 10.18 所示,针对防风伞专利 1,采用要素改变的方式进行改进。提出第一种改进

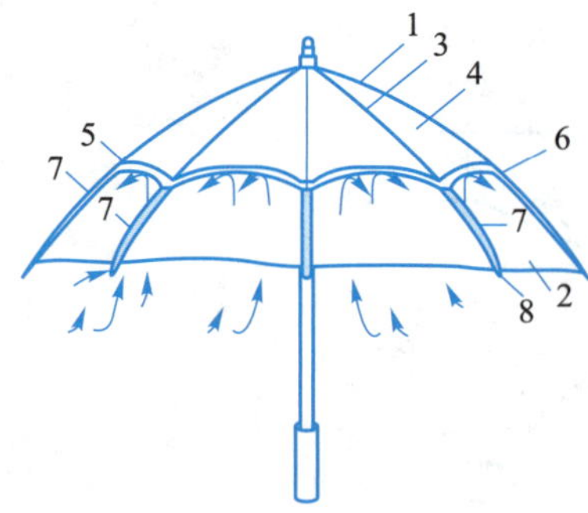

1. 一种防风伞，包括伞骨，其特征在于，在主伞布的上方再加设一外伞布，其面积约为主伞布之2/5的面积，且外伞布缝合于防风伞的伞骨上，主伞布和外伞布没有缝合，它们之间设有重叠面，且在重叠面间有出风口，重叠面之间由弹性材料连接，且在外伞布底缘有伸缩带由主伞布底缘拉紧，而扣定于伞骨末端的伞珠上。

1. 一种广告双层防风伞，其特征在于，包括：一个沿一长向延伸的中棒，该中棒包括一个伞柄及复数个呈现放射状的伞骨，以及一个位于该中棒上，且沿该长向位于相对于该伞柄另一端的中棒顶部；一个环圈辅助伞布，具有一个外环缘及相对于该外环缘的内环缘，该环圈辅助伞布在对应该外环缘处形成有复数分别与前述伞骨相结合的连接部，以及该内环缘环绕形成有一个通孔；一个遮蔽上述通孔的主广告伞布，包括一片广告本体及至少一个供可拆卸地结合前述环圈辅助伞布和/或前述伞骨的主结合部；及一个可拆卸地结合至上述中棒顶部、供固定上述主广告伞布的伞顶。

防风伞专利1

防风伞专利2

图 10.16 防风伞专利现有技术分析图

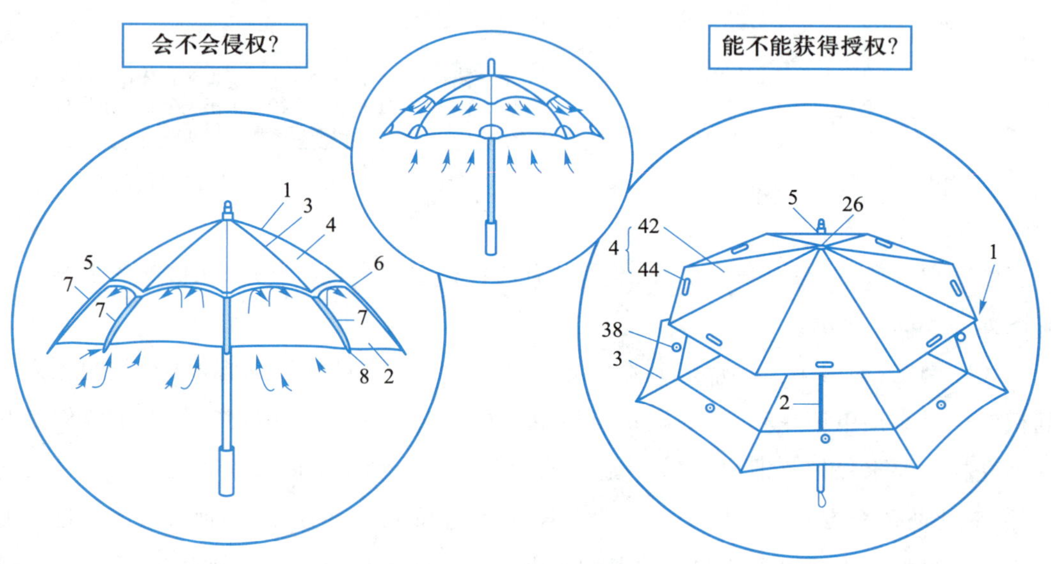

图 10.17 改进后防风伞的专利风险判定分析图

技术方案，上层伞布和中心开有天窗的下层伞布，上层伞布遮盖天窗且延伸至主伞骨的端部，位于两相邻主伞骨之间的上层伞布设有通风窗口，上层伞布和下层伞布之间具有通风间隙，下层伞布的外边缘连接至主伞骨的端部，内边缘通过弹性件连接到支伞骨或主伞骨。

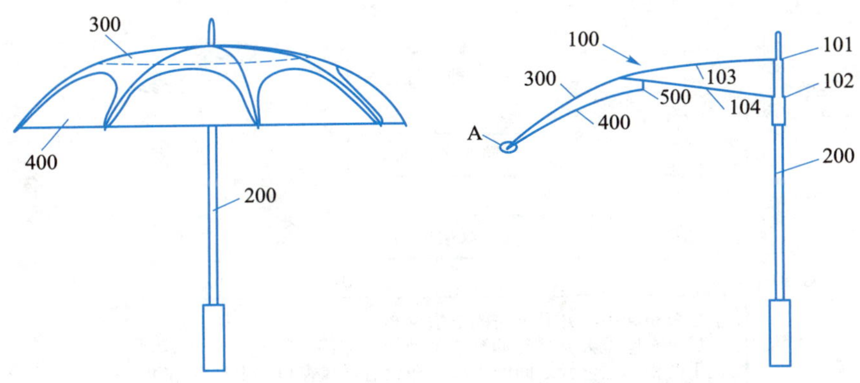

图 10.18 进行规避设计后的第一种改进技术方案图

如图 10.19 所示，针对防风伞专利 1 或者防风伞专利 2，采用要素减少的方式进行改进。提出第二种改进技术方案，伞面包括第一伞面和下方可拆卸的第二伞面，且两者之间具有通风间隙；所述第二伞面的中间开有一直径小于第一伞面的出风口，第二伞面上设有布套与伞骨连接，布套上设有拉绳与第一伞面的边缘固定。

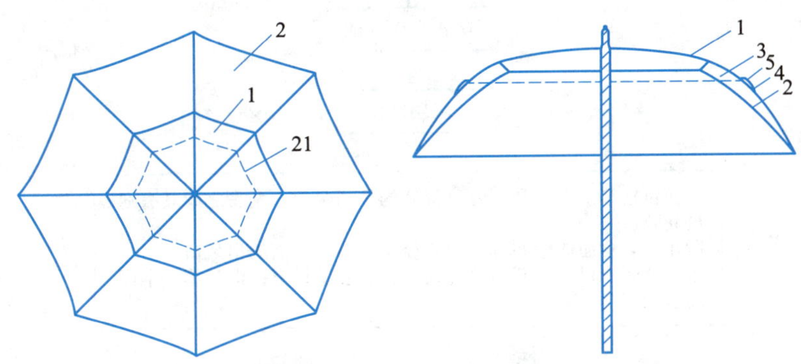

图 10.19 进行规避设计后的第二种改进技术方案图

对规避设计后的技术方案再次进行技术分析，第一种改进技术方案的技术分析图如图 10.20 所示，第二种改进技术方案的技术分析图如图 10.21 所示。

概括提炼创新点：再次技术分析的结果和现有技术进行比对。首先，防风伞第一种改进技术方案的上层伞布延伸至主伞骨的端部，且位于两相邻主伞骨之间的上层伞布设有通风窗口；其次，下层伞布的外边缘连接至主伞骨的端部，内边缘通过弹性件连接到支伞骨或主伞骨，使两层伞布间由于上下间距形成了固定的通风通道，通风窗口和通风通道两个技术特征是现有技术中没有的，且实现了更好的防风功能。防风伞第二种改进技术方案的第二伞面可拆卸；第二伞面上设有布套与伞骨连接，布套上设有拉绳与第一伞面的边缘固定；两层伞面之间具有固定的通风间隙，同样实现了更好的防风功能。通风窗口和通风通道的技术特征是本次规避设计后的防风伞最重要的创新点。规避设计后的防风伞创新点如图 10.22 所示。

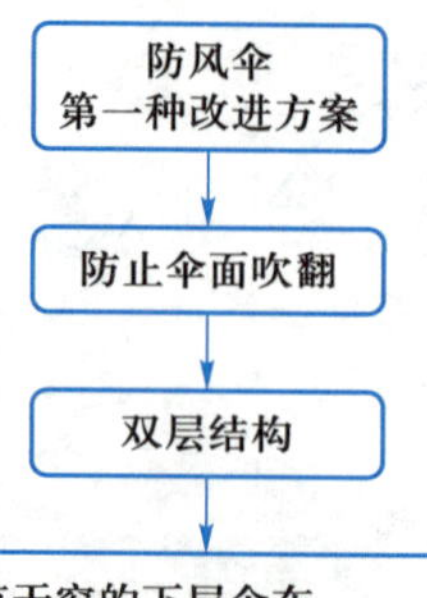

防风伞
第一种改进方案
防止伞面吹翻
双层结构
上层伞布和中心开有天窗的下层伞布；
上层伞布遮盖天窗且延伸至主伞骨的端部；
位于两相邻主伞骨之间的上层伞布设有通风窗口，上层伞布和下层伞布件之间具有通风间隙；
下层伞布的外边缘连接至主伞骨的端部，内边缘通过弹性件连接到支伞骨或主伞骨。

图 10.20　第一种改进技术方案的技术分析图

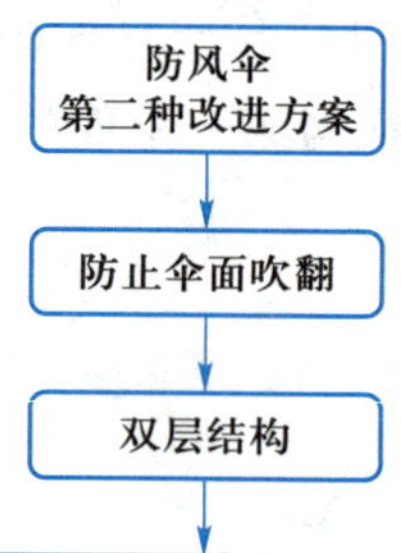

防风伞
第二种改进方案
防止伞面吹翻
双层结构
伞面包括第一伞面和下方可拆卸的第二伞面，两者之间具有通风间隙；
所述第二伞面的中间开有一直径小于第一伞面的出风口；
第二伞面上设有布套与伞骨连接，布套上设有拉绳与第一伞面的边缘固定。

图 10.21　第二种改进技术方案的技术分析图

防风伞第一种改进方案：
1. 上层伞布延伸至主伞骨的端部；
2. 位于两相邻主伞骨之间的上层伞布设有通风窗口；
3. 下层伞布的外边缘连接至主伞骨的端部，内边缘通过弹性件连接到支伞骨或主伞骨，形成固定的通风通道。
防风伞第二种改进方案：
1. 可拆卸的第二伞面；
2. 第二伞面上设有布套与伞骨连接，布套上设有拉绳与第一伞面的边缘固定；
3. 两层伞面之间具有固定的通风间隙。

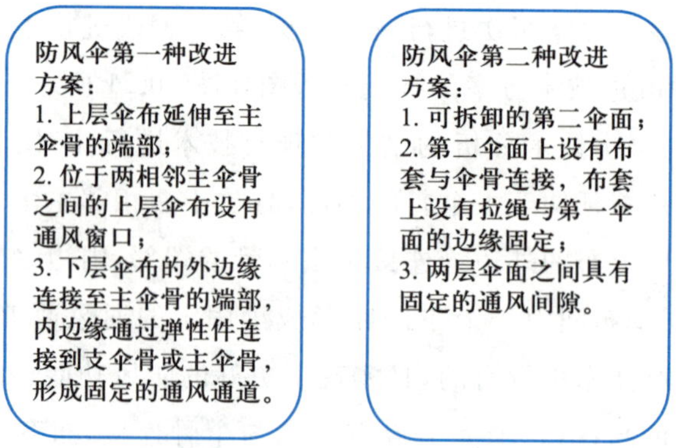

图 10.22　规避设计后的防风伞创新点示意图

（3）形成专利申请阶段

撰写技术交底书：按背景技术介绍、发明目的、本发明的技术方案、创新点以及该创新点带来的技术效果分别进行描述，并提供展示创新点的技术方案的附图，以便专利代理师能够理解技术方案，在理解技术的基础上撰写专利申请文本。

选择保护方式：防风伞属于简单结构产品，易于反向工程，不适合采用商业秘密来进行保护，申请专利才能得到最合适的保护。防风伞作为一种结构型产品，可以通过申请发明专利、实用新型专利，或者同时申请发明专利和实用新型专利来保护，而造型及色彩的组合可以通过申请外观设计专利来保护。规避设计后的防风伞申请三种专利的特点如图 10.23 所示，具体可根据产品上市时间、资金情况等来确定。

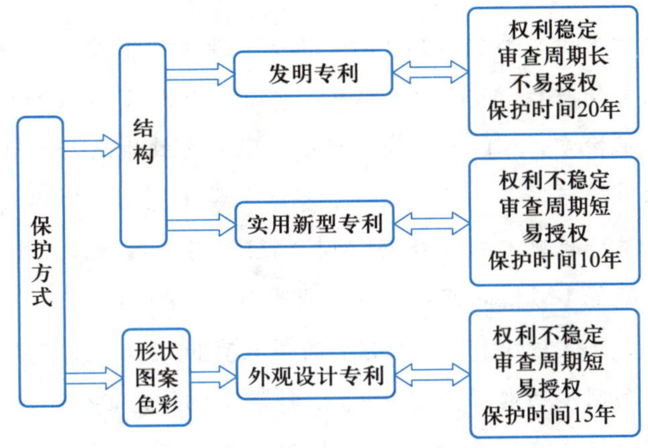

图 10.23　规避设计后的防风伞申请三种专利的特点

撰写专利申请文本：根据技术交底书内容，撰写发明专利或者实用新型专利的申请文本。根据分析得出的创新点，上述两个改进的技术方案可以分别申请两件专利，分别进行保护。外观设计专利申请需提供六面正投影视图，同时还应提供外观设计的简要说明，包括外观设计产品的名称、用途、设计要点，并指定一幅最能表明设计要点的图片。

专利申请文本的撰写是一项法律性、技术性很强的工作，申请的递交和审批同样也是规范性很强的工作，因此专利申请建议通过专利代理机构进行代理。即使通过专利代理机构进行代理，仍需与专利代理师进行充分沟通交流，审核确认申请文本，共同讨论，最终形成高质量的专利申请文本，力争获得专利授权且能够获得最大范围的保护。

参考文献

[1] 林幼菁. 大学生学术论文写作入门 [M]. 北京：商务印书馆，2020.

[2] 吴勃. 科技论文写作教程[M].2 版. 北京：中国电力出版社，2014.

[3] 潘杏仙. 科技文献检索：入门与提高 [M]. 芜湖：安徽师范大学出版社，2013.

[4] 马沛生. 论文的选题与写作 [M]. 天津：天津大学出版社，2008.

[5] 高烽. 科技论文写作规则与行文技巧[M].2 版. 北京：国防工业出版社，2015.

[6] 高烽. 科技写作随笔 [M]. 北京：国防工业出版社，2016.

[7] 饶异伦，王青云. 科技写作 [M]. 北京：高等教育出版社，1999.

[8] 徐海燕. 近代专利制度的起源与建立 [J]. 科学文化评论，2010，7(2)：40-52.

[9] 刘芬. 华为知识产权战略及启示 [J]. 科技创新与应用，2017(13)：34-36.

[10] 国家知识产权局官方网站. 专利统计简报（9）[EB/OL]. 2011.

[11] 马天旗. 专利挖掘 [M]. 北京：知识产权出版社，2016.

读者意见反馈

为收集对教材的意见建议，进一步完善教材编写并做好服务工作，读者可将对本教材的意见建议通过如下渠道反馈至我社。

咨询电话　400-810-0598

反馈邮箱　hepsci@ pub.hep.cn

通信地址　北京市朝阳区惠新东街4号富盛大厦1座

　　　　　高等教育出版社理科事业部

邮政编码　100029